Horst Opaschowski
Das Opaschowski Zukunftsbarometer

Horst Opaschowski

Das Opaschowski Zukunftsbarometer

Wegweiser für eine nachhaltige
Entwicklung von 2025 bis 2045

Unter Mitarbeit von Maximilian Opaschowski

Verlag Barbara Budrich
Opladen • Berlin • Toronto 2025

Bibliografische Information der Deutschen Nationalbibliothek
Die Deutsche Nationalbibliothek verzeichnet diese Publikation in der Deutschen
Nationalbibliografie; detaillierte bibliografische Daten sind im Internet über
http://dnb.d-nb.de abrufbar.

Gedruckt auf FSC®-zertifiziertem Papier, CO_2-kompensierte Produktion. Mehr Informationen unter https://budrich.de/nachhaltigkeit/. Printed in Europe.

Alle Rechte vorbehalten
© 2025 Verlag Barbara Budrich GmbH, Opladen, Berlin & Toronto
www.budrich.de

ISBN   978-3-8474-3073-5 (Paperback)
eISBN 978-3-8474-3207-4 (PDF)
DOI   10.3224/84743073

Das Werk einschließlich aller seiner Teile ist urheberrechtlich geschützt. Jede Verwertung außerhalb der engen Grenzen des Urheberrechtsgesetzes ist ohne Zustimmung des Verlages unzulässig und strafbar. Das gilt insbesondere für Vervielfältigungen, Übersetzungen, Mikroverfilmungen und die Einspeicherung und Verarbeitung in elektronischen Systemen.

Umschlaggestaltung: Bettina Lehfeldt, Kleinmachnow – www.lehfeldtgraphic.de
Satz: Ulrike Weingärtner, Gründau – info@textakzente.de
Druck: paper & tinta, Warschau

Inhaltverzeichnis

VORWORT 9

A. VORBEREITET SEIN!
Das Opaschowski Zukunftsbarometer auf empirischer Basis 11
I. Ein Wegweiser für die Zukunftsplanung 13
II. Ein Navigationssystem in Dauerkrisenzeiten 13
III. Ein Kompass für die wirklich wichtigen Dinge im Leben 14
IV. Eine Konstante im Werte- und Generationenwandel 14
V. Eine Zukunftsstimme für die Mehrheitsgesellschaft 15

B. QUO VADIS, DEUTSCHLAND?
Gesellschaft im Wandel – der Mensch im Mittelpunkt 19
I. FRÜHE WEICHENSTELLUNGEN UND PROGNOSEN 21
1. 1983: „Arbeit, Freizeit, Lebenssinn? Orientierungen für eine Zukunft, die längst begonnen hat" 21
   Neue Wertesynthese:
   Gleichwertigkeit materieller und immaterieller Lebensbedürfnisse
2. 1988: „Wie leben wir nach dem Jahr 2000?" 21
   Neue Selbständigkeit:
   Unternehmertum und partizipative Netzwerke
3. 1997: „Deutschland 2010" 22
   Neue Lebensziele:
   Mehr Lebenssinn als Lebensstandard
4. 2004: „Deutschland 2020" 22
   Neue Unsicherheit:
   Zeitenwende wird zur Wohlstandswende
5. 2009: „Deutschland 2030" 23
   Neues Zukunftsdenken:
   Gut leben statt viel haben

II. HERAUSFORDERUNGEN UND CHANCEN.
Die zwei Gesichter der Zukunft 24

C. DAS OPASCHOWSKI ZUKUNFTSBAROMETER
DEUTSCHLAND IN DEN JAHREN 2025, 2035 UND 2045 27
I. GESUNDHEIT. UMWELT. KLIMASCHUTZ 29
   Herausforderungen
   1 Klimawandel als größte Bedrohung 30
   2 Hohe Reiseintensität trotz Klimakrise 32
   3 Pflegefall macht Angst 34

Chancen

4 Gesundheit als höchstes Gut im Leben 36
5 Gute medizinische Versorgung 38
6 Krisenresistent mit positiver Lebenseinstellung 40

II. ARBEIT. EINKOMMEN. VORSORGE **43**

Herausforderungen

7 Konfliktreiche Kluft zwischen Arm und Reich 44
8 Wohlstandsverluste für die junge Generation 46
9 Kein Grundeinkommen ohne Gegenleistung......................... 48
10 Persönliche wirtschaftliche Sorgen 50

Chancen

11 Teams und Netzwerke im Berufsleben............................... 52
12 Neue Balance von Beruf und Familie 54
13 Leistungsorientierung der Jugend.................................... 56
14 Flexirente auf freiwilliger Basis 58
15 Länger leben und länger arbeiten 60
16 Mehr Beschäftigungschancen für Ältere 62

III. WIRTSCHAFT. WOHLSTAND. KONSUM........................... **65**

Herausforderungen

17 Die Deutschen werden ärmer 66
18 Gesellschaft auf Pump?... 68
19 Verunsicherung durch gefälschte Nachrichten 70
20 Das inszenierte Leben.. 72
21 Gefangen im Konsumstress 74

Chancen

22 Nachhaltigkeitswunsch „Mehr mieten – weniger besitzen".................. 76
23 Besser leben statt mehr haben 78

IV. WOHNEN. ENERGIE. TECHNIK **81**

Herausforderungen

24 Die große Wohnungsnot 82
25 Digitalisierung macht die Menschen nicht zufriedener 84

Chancen

26 Aus Parkhäusern Wohngebäude machen............................ 86

V. DATEN MEDIEN KI.. **89**

Herausforderungen

27 Wehrlos gegenüber digitalem Einbruch in die Privatsphäre............ 90
28 Weniger mitmenschliche Kontakte durch Internetnutzung 92
29 Mediale Ursachen für wachsende Zukunftsangst 94

Chancen

30 Neue Medien bereichern das private Leben.......................... 96

VI. FAMILIE. SOZIALES. BEZIEHUNGEN 99
Herausforderungen
31 Einsamkeit und Langeweile 100
32 Sorge um die Vorsorge 102
Chancen
33 Familie als wichtigster Lebensinhalt 104
34 Ehe mit Trauschein und Kindern als Lebensmodell 106
35 Freunde als zweite Familie 108
36 Renaissance der Nachbarschaft 110
37 Generationenzusammenhalt als Krisenhilfe 112

VII. BILDUNG. ERZIEHUNG. INTEGRATION 115
Herausforderungen
38 Elternhaus und Schule ohne Erziehungsmonopol 116
39 Risikofaktor Fremdenfeindlichkeit 118
Chancen
40 Bundesrepublik als Bildungsrepublik 120
41 Selbständigkeit und Selbstvertrauen als wichtigste Erziehungsziele 122
42 Bevölkerung für „soziales Pflichtjahr" 124

VIII. STAAT. POLITIK. PARTEIEN 127
Herausforderungen
43 Überforderte Politiker 128
44 Politiker ohne Visionen 130
45 Unzufriedenheit mit politischem Krisenmanagement 132
Chancen
46 Staat als Kümmerer 134
47 Steuererleichterung für Ehrenamtliche 136
48 Mehr Volksabstimmungen 138
49 Weitsicht macht Mut 140

IX. SELBSTHILFE. ENGAGEMENT. GESELLSCHAFT 143
Herausforderungen
50 Unverbindlichkeit des Lebens 144
51 Soziale Netzwerke wichtiger als persönliche Kontakte 146
Chancen
52 Mehr Selbst- und weniger Staatshilfe 148
53 Mehr zusammenhalten 150
54 Hilfsbereitschaft mit Punktegutschrift 152
55 Neue Mitmachbewegungen 154
56 Freiwillige Helferbörsen 156

X. WERTE. LEBENSZIELE. LEBENSSTILE 159
Herausforderungen
57 Persönliche Zufriedenheit – Öffentliches Unbehagen 160
58 Angst vor Gewaltkriminalität 162

Chancen
59 Sicherheit so wichtig wie Freiheit 164
60 Zuversicht trotz Zweifel. 166
61 Ehrlichkeit als Nr. 1 im Werteranking 168
62 Bescheidener leben. 170
63 Wunsch nach mehr Optimismus 172
64 Mithelfen, eine bessere Gesellschaft zu schaffen 174

D. METHODE UND EMPIRISCHE BASIS DER REPRÄSENTATIVSTUDIE 177
1. Persönliche Face-to-Face-Befragungen in den Haushalten 178
2. Mikrofundierte Forschungsergebnisse. 178
3. Alltagsrituale und Regelmäßigkeiten im Blick 179
4. Zukunftsgewissheitsschwund trotz großer Treffsicherheit. 180

E. ZURÜCK IN DIE ZUKUNFT
   Fünfzig Jahre Zukunftsforschung 183

F. GRUNDLAGENLITERATUR 191

G. STICHWORTVERZEICHNIS 194

H. DANK 203

VORWORT

Kann man Zukunft messen? Ist Zukunft berechenbar? Oder lässt sich Zukunft gar voraussagen? Solche Fragen erinnern an die Zeiten eines Galileo Galilei (1564–1642): Er gilt als der Begründer einer auf Empirie, Erfahrung und Experiment beruhenden Physik. Galilei konstruierte 1609 ein Fernrohr, mit dem er erstmals Sonnenflecke und Jupitermonde entdeckte und in Konflikt zur herrschenden Kirche geriet. Der ihm zugeschriebene ketzerische Ausspruch „Eppur si muove" (Und sie – die Erde – bewegt sich doch!) klingt so fragwürdig und zweifelhaft wie die heutige Prognose, Zukunft sei planbar, machbar und gestaltbar.

Bertolt Brecht hat diesen Grundkonflikt in seinem Schauspiel „Leben des Galilei" beschrieben. Galilei wollte einem Philosophen und dem Großherzog von Toscana durch einen Blick in sein Fernrohr die Existenz der Jupitermonde beweisen. Beide lehnten jedoch einen Blick kategorisch ab. Sie verlangten stattdessen einen formalen Disput. Der eine über die Frage, ob solche Sterne überhaupt existieren könnten, und der andere über die Frage, wem sie nützten, falls sie existierten. Und auf Galileis Gegenfrage, was sie denn zu tun gedächten, wenn die sowohl nichtexistenten als auch unnützen Sterne nun aber doch im Fernrohr zu sehen seien, haben beide geantwortet: Dann muss es wohl an dem Fernrohr liegen.

Das Vorhaben, ein verlässliches Zukunftsbarometer zu erstellen, klingt kühn und lässt berechtigte Zweifel aufkommen. Doch ist es nicht besser, sich auf dem Weg in die Zukunft von Zweifeln beunruhigen zu lassen, als in Unwissenheit und Orientierungslosigkeit zu verharren? Vor einem Vierteljahrhundert endete eine Zukunftsstudie des Autors mit der Aufforderung: „Vorangehen!" Jetzt in den unsicheren Zeiten unaufhörlicher Kriege, Krisen und Naturkatastrophen lautet die dringende Empfehlung: „Vorbereitet sein!". Trotz konfliktreicher Ereignisse eine lebenswert nachhaltige Zukunft möglich machen wollen – das ist die Herausforderung und Chance zugleich.

HORST OPASCHOWSKI

A. VORBEREITET SEIN!

Das Opaschowski Zukunftsbarometer auf empirischer Basis

I. Ein Wegweiser für die Zukunftsplanung

In anhaltend unsicheren Zeiten ist der Hunger nach Sicherheit so groß wie der Durst nach Freiheit. Es wächst die Sehnsucht der Menschen nach Stabilität im Leben und nach verlässlichen Antworten auf Fragen wie: Was kommt? Was geht? Und was bleibt? Das „Opaschowski Zukunftsbarometer" soll ein verlässlicher Wegweiser für die Entwicklung Deutschlands im Zeitraum 2025, 2035 und 2045 sein. Es setzt in seinen Analysen auf repräsentative Umfrageergebnisse der letzten Jahre, die als Basis für Prognosen bis zum Jahr 2045 dienen. Das Barometer versteht sich als verlässliches Kompendium für eine nachhaltige Zukunft Deutschlands. Es ist ein Seismograph für die Stimmung im Lande und weist auf Herausforderungen und Chancen in naher Zukunft hin.

Das künftige Zusammenleben in Deutschland ist zunehmend auf Verlässlichkeit angewiesen. In Verbindung mit Vertrauen und Verantwortung ist für den notwendigen Zusammenhalt einfach ein Mindestmaß an Verlässlichkeit erforderlich – als Leitwährung in Gesellschaft und zwischenmenschlichen Beziehungen genauso wie in Politik, Wirtschaft und Wissenschaft. Insbesondere die Wissenschaft kommt ohne Forschungsergebnisse auf abgesicherter empirischer Basis nicht mehr aus, auf die man sich unbedingt verlassen und mit denen man fest rechnen kann. Dies will und soll das Barometer leisten.

II. Ein Navigationssystem in Dauerkrisenzeiten

Die Einschätzungen und Voraussagen von Wirtschaftsforschern[1] sind nicht frei von Fehlprognosen und reichen nicht selten nur bis zum nächsten Quartal. Vor der Psychologie der Verbraucher kapitulieren sie weitgehend. Erst aus der systematischen Beobachtung von Lebensgewohnheiten und Verhaltensänderungen im Zeitvergleich lassen sich präzise „Zeitreihen" entwickeln und Handlungsoptionen für die Zukunft ableiten. Die Genauigkeit der repräsentativ ermittelten Daten ist dabei wichtiger als die bloße Story. Nur eine verlässliche Prognoseforschung ermöglicht wichtige Weichenstellungen für die Entwicklung der nächsten 10 bis 20 Jahre – als Navigationssystem und Argumentationshilfe für Entscheidungen in Politik, Wirtschaft und Gesellschaft.

---

1 Wegen der besseren Lesbarkeit wird im Text das generische Maskulinum gewählt.

III. Ein Kompass für die wirklich wichtigen Dinge im Leben

Wer wissen will, was die Menschen in Zukunft zwischen Hoffnung und Angst mehrheitlich bewegt und was für sie die wirklich wichtigen Dinge im Leben sind, sollte das Zukunftsbarometer als Kompass für das Kommende nutzen und mögliche Zukünfte besuchen können. Dann muss „die Zukunft" auch nicht mehr rätselhaft und unerforschlich bleiben. Gezeichnet wird das Bild einer nachhaltigen Zukunft, in der es Wohlstand und Wohlergehen für alle geben und es der kommenden Generation gut und möglichst auch besser gehen kann.

IV. Eine Konstante im Werte- und Generationenwandel

Der Wertewandel einer Gesellschaft besteht nicht darin, dass sich die Menschen sozusagen über Nacht verändern. Er vollzieht sich vielmehr allmählich in dem Maße, in dem die jüngere Generation einer Gesellschaft die ältere Generation Zug um Zug ablöst. Und eine Generation, die unter veränderten gesellschaftlichen Lebensbedingungen aufwächst, gelangt zwangläufig zu anderen Erfahrungen und Gewohnheiten. Damit verändern sich auch die Einstellungen zu Arbeit und Leben, zu Partnerschaft, Familie und Freundeskreis. Ausgangspunkt für die Darstellung des Zukunftsbarometers ist die systematische Untersuchung der Lebensgewohnheiten der Bevölkerung. Die Ergebnisse von Repräsentativumfragen im Zeitvergleich („Zeitreihen") bilden die sozialwissenschaftliche Basis für Prognosen.

Müssen aber nicht angesichts der gegenwärtigen weltpolitischen Lage konkrete Aussagen, die sich auf Entwicklung, Veränderung und Zukunftsperspektiven beziehen, auf den ersten Blick unrealistisch erscheinen? Lassen globale Krisen präzise Prognosedaten nicht schnell zur Makulatur werden? Prognosen erzielen immer dann eine große Treffsicherheit, wenn sie von der zentralen Frage ausgehen: Was will der Mensch? Erst danach ergeben sich Antworten darauf, was wirtschaftlich und technologisch, sozial und ökologisch alles möglich wäre. Daraus folgt: Große gesellschaftliche Veränderungen von der Perestroika bis zur deutschen Vereinigung lassen sich nicht prognostizieren, auch Kriege und Krisen, von der Energiekrise über den Ukrainekrieg bis zu den Terroranschlägen in Israel, nicht – voraussagbar aber sind die Lebensgewohnheiten der Menschen in den nächsten Jahren.

Lebensgewohnheiten sind wie eine zweite Natur und haben fast die Wirkung einer Kleidung aus Eisen, die nur schwer zu sprengen ist. Viele Tätigkeiten im Alltag werden so lange praktiziert, dass sie wie Aufstehen, Essen und Schlafengehen fast zur lieben Gewohnheit bis ins hohe Alter werden. Dies erklärt auch, warum beispielsweise Urlauber auf Reisen am meisten das eigene Bett, die Zeitung aus der Heimat und das gemütliche Zuhause vermissen. Gewohnter Lebensrhythmus und alltäglicher Regelkreis sind den Menschen geradezu in Fleisch und Blut übergegangen. Viele können einfach nicht aus ihrer Haut heraus.

> **Im Unterschied zu den Konjunkturprognosen von Wirtschaft und Politik gibt es bei den OZB-Prognosen keine zweistelligen Fehlerquoten, da Natur und Lebensgewohnheiten der Menschen keine Sprünge machen**
> („Natura non facit saltus"/Antike Philosophie seit Aristoteles)

Die Sozialforschung geht davon aus, dass die Persönlichkeits- und Interessenstruktur eines Menschen im Wesentlichen ausgebildet ist, wenn er das Erwachsenenalter erreicht. Die Kindheits- und Jugenderfahrungen haben ein größeres Gewicht als die spätere Sozialisation. Im Einzelfall kann es zwar auch im Erwachsenenalter noch zu dramatischen Veränderungen kommen, aber die statistische Wahrscheinlichkeit einer grundlegenden Persönlichkeitsveränderung nimmt abrupt ab, wenn das Erwachsenenalter erreicht ist.

V. Eine Zukunftsstimme für die Mehrheitsgesellschaft

1980 löste die Meinungsforscherin Elisabeth Noelle-Neumann eine öffentliche und teilweise kontrovers-hitzige Debatte in Deutschland aus. Die meisten Menschen, so ihre These, trauten sich nicht mehr, in der Öffentlichkeit ihre Meinung laut und deutlich zu äußern, weil sie soziale Isolation befürchteten. Dies galt insbesondere bei emotional und moralisch aufgeladenen Themen. Hingegen gab es seinerzeit eine lautstarke Minderheit, die so selbstbewusst auftrat, dass sie den Eindruck einer Mehrheitsmeinung vermittelte, was durch die mediale Verbreitung noch verstärkt wurde. Auf diese Weise entwickelte sich nach Noelle-Neumann eine Schweigespirale. Und je lauter und aggressiver die Minderheit auftrat, umso schweigsamer wurde die Mehrheitsgesellschaft – vor lauter Angst, isoliert zu werden: „Belohnt wird Konformität, bestraft wird der Verstoß gegen das übereinstimmende Urteil" (Noelle-Neumann 1980, S. II).

Was die dominante Minderheit seinerzeit verkündete und demonstrierte, vermittelte den Eindruck: Die Mehrheit denkt so! Wer hingegen nicht so dachte, redete und lebte, hatte das meist medial vermittelte Meinungsklima („Mainstream") gegen sich. An die Aktionen der „Letzten Generation" in den Jahren 2023 und 2024 fühlt man sich hierbei heute erinnert. Weitgehend offen geblieben aber sind bisher die Fragen: Wie denkt die Mehrheitsgesellschaft eigentlich? Wie lebt sie? Was will sie? Was fürchtet sie? Das vorliegende Zukunftsbarometer gibt der Mehrheitsgesellschaft eine Stimme für die Zukunft: So wollen „wir" morgen leben.

Die Mehrheit der Gesellschaft ist nachweislich in der breiten Mitte und nicht an den Rändern angesiedelt. Diesem Prinzip ist das Zukunftsbarometer verpflichtet: Sorge und Vorsorge für die breite Mehrheit der Gesellschaft, empirisch und wissenschaftlich abgesichert durch Zustimmungs- und Ablehnungsgrade mit jeweiligen Prozentangaben. Dies erklärt auch, warum in den Zukunftsvorstellungen der Bevölkerung Themen wie Flugscham, Gendersternchen oder Tempolimit nur eine marginale Bedeutung im Leben haben.

Die Zweidrittelgesellschaft hingegen ist eine politische Macht, weil grundlegende Verfassungsänderungen in den Parlamenten erst durch Mehrheiten erreichbar werden. Nur wer die Gefühls- und Lebenslagen von Bevölkerungsmehrheiten kennt, kann zukunftsfeste politische Entscheidungen treffen. Das Wahlverhalten der Bevölkerung basiert schließlich zum großen Teil auf Emotionen. Mit historischen Aussagen wie „Wir sind das Volk" ist immer auch die Vorstellung verbunden: Wir sind mehrheitsfähig!

Realistischerweise muss darauf hingewiesen werden, dass insbesondere soziale Medien dazu neigen, Minderheitenthemen als Mehrheitsbewegungen darzustellen, um medial Themen „besetzen" zu können. Auch in der übrigen Presselandschaft kommt man ohne „Immer-mehr"-Behauptungen nicht mehr aus und bleibt notwendige Belege schuldig: „Immer mehr Menschen geben an, dass sie sich nicht mit dem Geschlecht identifizieren, das ihnen bei der Geburt zugewiesen wurde" (DER SPIEGEL Nr. 28 vom 10. Juli 2021, S. 10). So werden nicht selten Themen in Redaktionen kreiert.

Das Potsdamer Geheimtreffen von Rechtsextremen im November 2023 zum Thema ‚Remigration' hat die Bevölkerungsmehrheit in Deutschland plötzlich aufgerüttelt und eine millionenfache Protestbewegung entstehen lassen. Wochenlang versammelten sich Hunderttausende auf Straßen und Plätzen. Sie protestierten und empörten sich. Sie demonstrierten massenhaft Wehrhaftigkeit im Namen der Demokratie. Politiker und Parteien bekamen plötzlich die Mehrheitsfähigkeit zu sehen und zu spüren. Das Ende der Schweigespirale deutete sich an. Jetzt waren und sind die Politiker am Zug. Sie müssen sich positionieren, nach vorne schauen und Zukunftsfähigkeit beweisen, sonst kippt die Stimmung in Deutschland. Wenn derzeit die meisten Deutschen lieber in der Vergangenheit (66%) als in der Zukunft (34%) leben würden, wie zeitgleich die Stiftung für Zukunftsfragen nachweist (Reinhardt 2024, S. 59), dann hinterlässt die Elterngeneration ihren Kindern zwar keinen Scherbenhaufen, wohl aber ein instabiles „Zukunftshaus Deutschland" auf tönernen Füßen, das den extremen Wetterlagen des Lebens kaum zukunftsfest standhalten kann.

2011 veröffentlichte der Autor einen „Deutschlandplan" mit der Aufforderung: „Was in Politik und Gesellschaft getan werden muss". Auslöser war seinerzeit das Unbehagen über den Mangel an vorausdenkender Verantwortung. Ebenso provokativ wie plakativ lautete seine These: „Wir leiden unter einer Tagespolitik ‚auf Zuruf' müssen mit kurzlebigen Entscheidungen leben und sehnen uns nach verlässlichen Visionen, die es nicht gibt" (Opaschowski 2011, S. 9). Zwei Jahre später machte der Autor diese These zum Statement einer eigenen Repräsentativumfrage: „Die Politiker sind den Herausforderungen der Zeit immer weniger gewachsen: Sie wirken wie Getriebene, die nur noch auf Zuruf reagieren." Das Umfrageergebnis überraschte durch seine Treffsicherheit. Eine überwältigende Mehrheit der Bevölkerung (2013: 75 Prozent) stimmte der Kritik an den überforderten Politikern zu. Inzwischen ‚schliddern' wir weltweit von einer Krise zur nächsten. Beherztes politisches Handeln ist gefordert wie lange nicht mehr. Im Jahr 2024 versagt die Politik. 81 Prozent der Deutschen sind jetzt fest davon überzeugt, dass die Herausforderungen der Zeit zu Überforderungen der Politiker geworden sind. Was ist zu tun?

16 Jahre vor Ausbruch der Coronakrise (März 2020) in Deutschland veröffentlichte der Autor 2004 eine Zukunftsstudie als Zukunftsperspektive für „Deutschland 2020". In seinen Prognosen kamen sogenannte Wild Cards zur Sprache. In der Zukunftsforschung gelten Wild Cards als Ereignisse, die zur Zeit der Abgabe der Prognosen ziemlich unwahrscheinlich und unsicher erscheinen, die aber – wenn sie eintreten – weitreichende Folgen für Wirtschaft, Politik und Gesellschaft haben können. Aus der Sicht von 2004 wurde seinerzeit als Wild Card für das Jahr 2020 u. a. genannt: „Verseuchung der Erde durch Bakterien/Viren". Ein solches Ereignis käme „überraschend und schockartig", so lautete die Begründung. Wenn dieser Fall eintrete, bliebe aber keine Zeit für Forschungen und Überlegungen mehr, weil Entscheidungen „schnell getroffen" werden müssten. Wild-Card-Szenarien sollen also „frühzeitig herausfinden, welche Reaktionen richtig und angemessen sind und was man konkret tun will oder soll". Sie sind beim Aufbau von Frühwarnsystemen „hilfreich" (Opaschowski 2004, S. 466).

Völlig unvorbereitet war beim Ausbruch der Coronakrise im Frühjahr 2020 eher große Hilflosigkeit in Deutschland angesagt. Der damalige Bundesgesundheitsminister Jens Spahn entschuldigte sich im April 2020 öffentlich im Bundestag mit den Worten: „Wir werden einander viel verzeihen müssen." Die Folgen ungenügenden Vorausdenkens und Nicht-vorbereitet-Seins waren in den Folgejahren wachsende Spannungen und Spaltungen in der deutschen Gesellschaft. Dies erklärt auch, warum seither deutsche Sicherheitsbehörden vor hohem „abstrakten" Gefährdungspotential warnen, sobald sich eine mögliche Gefahrenlage abzeichnet.

Für die Menschen in Deutschland stellen Wohnungsnot, Gewaltkriminalität und Altersarmut einschließlich der wachsenden Arm-Reich-Kluft die größten Zukunftssorgen dar. Fremdenfeindlichkeit, Rassismus und Antisemitismus erscheinen dagegen fast nachgeordnet, obwohl sie in der politischen und medialen Öffentlichkeit große Aufmerksamkeit finden. Was ganz persönlich im Alltagsleben beschwert und belastet, wozu auch Fake News, Aggressionen, Hass und Hetze zählen, hat für das Hier- und Jetzt-Lebensgefühl der Bevölkerung eine größere Bedeutung. Hier erhoffen sich die Menschen von Politikern und Parteien mehr Entlastungen, Entgegenkommen und Verständnis für ihre großen und kleinen Lebensnöte. Es zählt, was hilft.

In diese Richtung zielt die bereits in vielen Bundesländern eingeführte Engagement-Karte für ehrenamtliche Helfer. Mit dieser Bonuskarte können Engagierte Rabatte und günstigere Preise beim Einkaufen, für Sportangebote sowie in Cafés und beim Bäcker erhalten. 100 Stunden ehrenamtliche Aktivität im Jahr sind Voraussetzung dafür. Bisher erst ab 16 Jahre möglich – warum nicht auch mit 13 oder 14 Jahren? Die Generation Z will heute mit ihrer Arbeit etwas Sinnvolles für sich und die Gesellschaft tun. Sie kann sich das auch leisten, denn es gibt mehr Arbeit als Arbeitskräfte. Arbeitskräfte-Mangel hat die Mangelware Arbeit früherer Jahrzehnte abgelöst. Vielleicht wird die Zukunft einer neuen „Generation P" gehören, die Partizipation, Politik und Postmoderne symbolisiert und als „Generation Positiv" in einer Mitmach- und Teilhabegesellschaft die 3V-Werte Vertrauen/Verantwortung/Verlässlichkeit zu leben versucht. 2020 warnte der Autor nach Ausbruch der Corona-Pandemie in der „Ärztezeitung" vor den Folgen einer sozialen Isolation in Deutschland: „Die Pandemie droht zur Epidemie der Einsamkeit zu werden" (19. Oktober 2020). Vier Jahre später stellte das Bundesfamilienministerium das erste „Einsamkeitsbarometer" der Öffentlichkeit vor (30. Mai 2024). Das Thema Einsamkeit wurde endlich aus seiner Tabuzone geholt. Die Zukunft gehört Einsamkeitslotsen, die freiwillig Menschen in Nachbarschaft und Wohnquartier aufsuchen, Kontaktbrücken bauen und Hilfe leisten.

„Vorbereitet sein!" Das kann nur in unsicheren Zeiten die optimale Problemlösung sein. „Damit wir beim nächsten Mal besser vorbereitet sind" – auf diese Formel einigten sich auf einer internationalen Konferenz im August 2022 die Weltgesundheitsorganisation (WHO), die Afrikanische Union, die Europäische Union (EU) und die Regierungen von Südafrika, Ruanda und Senegal. „Be prepared!" ist auch das Hauptanliegen dieses Zukunftsbarometers. Das Zukunftsbarometer nennt die aus der Sicht der Bevölkerungsmehrheit beklagten Herausforderungen beim Namen und konfrontiert sie mit den Chancen, die damit verbunden sind. Problemanalysen und Lösungsansätze zeigen mögliche Handlungsoptionen für die nächsten zehn bis zwanzig Jahre auf.

B. QUO VADIS, DEUTSCHLAND?

Gesellschaft im Wandel – der Mensch im Mittelpunkt

I. FRÜHE WEICHENSTELLUNGEN UND PROGNOSEN

1. 1983: „Arbeit, Freizeit, Lebenssinn? Orientierungen für eine Zukunft, die längst begonnen hat"
- **Neue Wertesynthese:**
  Gleichwertigkeit materieller und immaterieller Lebensbedürfnisse

Die Zukunft ist immer öfter das, was wir heute aus ihr machen – eine Art verlängerte Gegenwart, wenn wir die Entwicklung nicht ändern oder gegensteuern. Seit Jahrzehnten beginnen die systematischen Zukunftsforschungen des Autors mit Gegenwartsanalysen und – einem Blick zurück! Die drei Leitfragen dazu lauten:

- Was hat sich verändert?
- Was kommt auf uns zu?
- Und wie werden die Menschen damit fertig?

1983 sagte der Autor zudem voraus: In naher Zukunft wird das Leistungsprinzip in der Arbeitswelt entidealisiert, aber die große Leistungsverweigerung findet nicht statt. Wohl ändern sich die Ansprüche an die Qualität der Arbeit. Ein grundlegender Struktur- und Wertewandel in der Gesellschaft stellt die Sinnfragen des Lebens neu: „Wer denkt an die ökologischen, die sozialen, die psychischen Folgen? Wann wandeln sich die Tarifpartner zu Sozialpartnern, die Kirchen zu Sinnstiftern?" (1983, S. 25).

„Eine neue Wertesynthese entwickelt sich". So lautet die 1983er-Prognose, die auf eine Gleichwertigkeit von materiellen und immateriellen Lebensbedürfnissen zielt. Das hat Folgen. Es zeichnet sich ein neuer Lebensstil ab, der Zukunft hat: „Bewusster leben: Auf die eigene Gesundheit und Sicherheit achten sowie umwelt- und energiebewusster leben" (1983, S. 99). Dies ist heute „das" erstrebenswerte Lebensziel und wird es wohl auch 2035 und 2045 noch sein.

2. 1988: „Wie leben wir nach dem Jahr 2000?"
- **Neue Selbständigkeit:**
  Unternehmertum und partizipative Netzwerke

Für die Zeit nach der Jahreswende werden flexiblere Arbeitszeitregelungen und individuelle Formen der Arbeitsorganisation vorausgesagt: „Kleine und überschaubare Arbeitseinheiten sind gefragt, partizipative Netzwerke und workshop-Teams" (1988, S. 23). Die Beschäftigtenrolle wird sich grundlegend wandeln: „Mal Jobholder oder Jobsharer, mal Aufsteiger oder heimlicher Aussteiger" (S. 11). Und als realistische

Zukunft mit wachsender Tendenz wurde beschrieben: Die Bezahlung mit Arbeitssinn wird genauso wichtig wie die Bezahlung mit Arbeitseinkommen. Die Zahl der neuen Selbständigen, der Freiberufler und freien Mitarbeiter wird rapide steigen.

Erstmals wurde seinerzeit die These vertreten, dass im außerberuflichen Bereich „der Freundeskreis zur zweiten Familie wird, was jetzt Jahrzehnte später empirisch auch nachweisbar ist, vor allem bei den jungen Generationen „Y" und „Z".

3. 1997: „Deutschland 2010"
- **Neue Lebensziele:**
  Mehr Lebenssinn als Lebensstandard

Voraussagen der Wissenschaft zur Zukunft der Gesellschaft: Mit diesem Ziel wurde kurz vor der Jahrtausendwende ein gesellschaftspolitischer Handlungsbedarf angemeldet. Denn: Das Wohlstands- und Wohlfahrtsland ist gefordert wie nie zuvor: „Die Balance von wirtschaftlichen Leistungen und sozialen Wohltaten gerät ins Wanken". Ein Ende der Anspruchsgesellschaft zeichnet sich ab. „Das Schlaraffenland ist abgebrannt" (1997, S. 11).

Eine Forderung lautete: Wenn sich Politik wirklich als Daseinsvorsorge für die Bürger versteht und Zukunft gestalten (und nicht nur bewältigen) will, dann gibt es in der Tat politisch viel zu tun. Mit der Lösung von Zukunftsproblemen muss sofort begonnen werden. Sonst droht eine gespaltene Gesellschaft. Drei Problembereiche sind vorrangig zu lösen: Die Erhaltung des Lebensstandards, die Bekämpfung des Preisanstiegs und die Sicherung der Renten. Zudem ist die ökologische Stabilität weltweit gefährdet. Die Krise kann aber auch eine Chance sein, wenn über Lebensqualität neu nachgedacht wird. Ein Umdenken vom Wohlstand zum Wohlbefinden ist erkennbar.

Der materielle Überfluss hat seine ökonomischen und psychologischen Grenzen erreicht. Die Menschen halten Ausschau nach einem Sinn, der über Haben und Besitz hinausreicht und „mehr Lebenssinn als Lebensstandard im Blick" hat: Über die Erwerbstätigkeit hinaus in neuen Formen, die für das ganze Leben wichtig sind – als freiwilliges Engagement und als soziale Tätigkeit.

4. 2004: „Deutschland 2020"
- **Neue Unsicherheit:**
  Zeitenwende wird zur Wohlstandswende

18 Jahre *vor* der Regierungserklärung von Bundeskanzler Olaf Scholz, in der er am 27. Februar 2022 für Deutschland eine „Zeitenwende" ankündigte, hatte der Autor in dem 2004 veröffentlichten Zukunftsreport „Deutschland 2020" eine solche „Zeitenwende" (2004, S. 17ff.) prognostiziert. Sie wurde als „Wohlstandswende" definiert

und war die Folge einer „Periode gestörten Gleichgewichts", in der „Ungewissheit, Unübersichtlichkeit und Unsicherheit" regieren, weil sich „dominierende Wirtschaftsmächte auflösen".

Für die Zeit um 2010 wurden gravierende Veränderungen vorausgesagt: Die Zukunft kommt anders und wird „viel wilder" sein, als man sie sich vorstellen kann wie z. b. „Das Ende der Diplomatie: Krieg als Außenpolitik" oder „Klimawandel (Überschwemmung, Erdbeben, Vulkanausbruch" oder „Verseuchung der Erde durch Bakterien/Viren" (2004, S. 466). Das waren aus der Sicht von 2004 wilde, also unwahrscheinliche Zukunftsbilder, die aber, wenn sie Wirklichkeit werden, „weitrechende Folgen für Wirtschaft, Politik und Gesellschaft haben können" (S. 465). Genauso ist es gekommen: Coronakrise, Ukrainekrieg und Klimawandel belegen dies.

5. 2009: „Deutschland 2030"
- Neues Zukunftsdenken:
  Gut leben statt viel haben

Die Deutschen denken verstärkt über eine neue Qualität des Wohlstands im Jahr 2030 nach: „Die Lebensbedürfnisse der heutigen Generation sollen befriedigt werden können, ohne dabei die Lebensqualität künftiger Generationen zu beeinträchtigen bzw. die Ressourcen der Zukunft zu vergeuden" (2009, S. 647). „Viel Geld haben, reich sein" steht an letzter Stelle der persönlichen Wunschskala und ist auch nicht mehrheitsfähig (46%). Zwei Drittel der Bevölkerung finden hingegen Familie, Freunde und eine intakte Natur viel wichtiger. „Die Deutschen definieren Wohlstand neu" (S. 648). Bei der neuen „quality of life" geht es um das Gelingen des Lebens: „Lieber gut leben als viel haben!" (S. 647). In unsicheren Zeiten findet eine Neubesinnung auf das Beständige statt.

Ganz persönlich bedeutet dies auch: „Glück fängt mit der Gesundheit an". Für die Politik hat das zur Folge: Politik und Gesellschaft müssen die Menschen in die Lage versetzen, sich um ihr subjektives Wohlbefinden selber zu kümmern. So gesehen kann die Gesundheit zum Megamarkt der Zukunft werden. Für das Jahr 2030 gab der Autor 2009 als Leitlinie aus: Um die Zukunftsfähigkeit der Gesellschaft zu erhalten, braucht Deutschland Visionen: „Visionen sind keine Illusionen. Illusionen kann man zerstören, Visionen nie" (S. 735). Die Zukunft wartet nicht. Die Zukunft beginnt – jetzt!

Dies waren Analysen und Voraussagen des Autors, die Jahrzehnte zurückliegen. So gesehen muss ein Blick in die nächsten zwanzig Jahre bis 2045 weder utopisch noch spekulativ sein. Der Zeitraum reicht weit genug über Tagespolitik und Legislaturperioden hinaus, um sich abzeichnende geopolitische Veränderungen der Welt sichtbar zu machen. Gleichzeitig ist dieser Zeithorizont nah genug, um Chancen und Risiken der gesellschaftlichen Entwicklung in Deutschland abschätzen und zukunftsorientiert handeln zu können. Kurz: Dieser Zukunftsreport auf wissenschaftlicher Basis will Wissen vermitteln und Orientierungen geben. Bedenken wir: Jedes zweite Neugeborene von heute wird in hundert Jahren noch am Leben sein. Es hat ein Recht darauf, zu erfahren, wohin die Zukunftsreise geht. Solche Informationen sind Wissenschaft, Wirtschaft und Politik den kommenden Generationen als ‚Bringschuld' schuldig.

Die Bringschuld hat aber auch ihre Grenzen. Die Voraussage von Ereignissen in Verbindung mit präzisen Zeitangaben sind für die Forschungsarbeit des Autors „tabu" – von sozialen Unruhen und Volksaufständen bis zu Naturkatastrophen und kriegerischen Auseinandersetzungen. Solche „Ereignisse" sind einfach nicht voraussagbar. So gesehen hat der Autor „Lehrgeld" bezahlen müssen, als er zu Beginn seiner Zukunftsforschung in den siebziger und achtziger Jahren des vorigen Jahrhunderts fantasievoll seinen Zukunftsblick schweifen ließ und in die Fehlprognose-Falle tappte. Es braucht manchmal Jahre oder gar Jahrzehnte, bis eine Idee Wirklichkeit werden kann. Der Vorschlag des Autors beispielsweise aus dem Jahr 1974 zur Einführung der Flexirente („Flexible Altersgrenze") wird selbst nach einem halben Jahrhundert noch immer kontrovers diskutiert und nicht realisiert.

Andererseits ist auch das Gegenteil der Fall, wenn technologische Innovationen zeitlich geradezu explodieren, während der Autor noch 1994 mehr mit einer Verweigerung der Konsumenten gerechnet hatte: „Der Multimediarausch findet nicht statt! Die überwiegende Mehrheit der Bevölkerung wird sich dieser technologischen Innovation verweigern und an den alten Fernsehgewohnheiten festhalten. Die meisten Bundesbürger können ja nicht einmal einen Videorecorder programmieren. Nur 8 Prozent der Bevölkerung beschäftigen sich nach Feierabend mit einem Computer. Die nächste TV-Generation wird jedenfalls keine PC-Generation sein" (Opaschowski 1994, S. 38). Da hat der Autor die Rechnung ohne die Mitmacher gemacht und sich bei der Prognose ordentlich verrechnet.

Diese Art von Prognoseforschung im Sinne von zeitlicher Fixierung hat sich inzwischen längst überlebt. Die Zukunftsforschung kann nur noch auf der Basis empirisch abgesicherter Daten arbeiten und daraus Zukunftsperspektiven ableiten, die einen gesellschaftlichen und politischen Handlungsbedarf erkennen lassen. Dies will das Zukunftsbarometer leisten: Aufzeigen, wo es hingeht oder langgehen sollte.

II. HERAUSFORDERUNGEN UND CHANCEN.
Die zwei Gesichter der Zukunft

Ein Zukunftsbarometer, das empirisch abgesichert die Entwicklung der nächsten zehn bis zwanzig Jahre widerspiegelt, hat zwei Gesichter: Den drohenden Kipp-Punkten der Gesellschaft zum Negativen und Riskanten stehen gleichzeitig die positiven

B. QUO VADIS, DEUTSCHLAND

Möglichkeiten und Chancen der Menschen gegenüber, die das Beste aus ihrem Leben machen wollen. Gelingt eine ausgeglichene Balance? Oder driften Gesellschaft und Individuen auseinander?

Die Bevölkerung sagt selbst, wohin die Reise gehen soll. Das vorliegende Zukunftsbarometer berücksichtigt nur Aussagen, die mehrheitsfähig sind – im Positiven wie im Negativen. Repräsentativ ermittelte Mehrheitsmeinungen weisen den Weg und die Richtung, wohin sich der Souverän, die Bürger und Wähler (und nicht die Politiker und Experten), bewegen will. Das ist Demokratie pur als Langzeitvergleich (und nicht als Momentaufnahme oder „Sonntagsfrage"). Die Zukunft ist keine Reise ins Ungewisse, wenn die Prognosen fundiert und verlässlich sind.

Das Zukunftsbarometer nennt die aus der Sicht der Mehrheitsgesellschaft beklagten Herausforderungen beim Namen und konfrontiert sie mit den Chancen, die damit verbunden sind. Problemanalysen und Lösungsansätze zeigen mögliche Handlungsoptionen für die nächsten zehn bis zwanzig Jahre auf. Und so sehen die 2045 aus.

C. DAS OPASCHOWSKI ZUKUNFTSBAROMETER

DEUTSCHLAND IN DEN JAHREN 2025, 2035 UND 2045

I. GESUNDHEIT. UMWELT. KLIMASCHUTZ

Herausforderungen & Chancen

C. DAS OPASCHOWSKI ZUKUNFTSBAROMETER

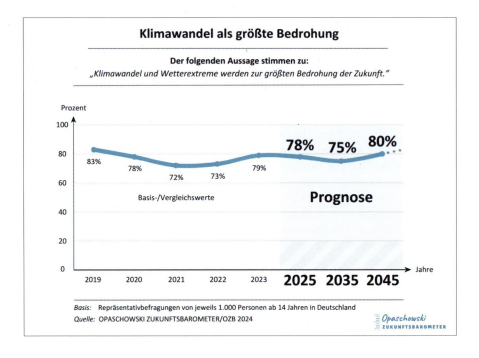

Datenanalyse

Klimawandel und Wetterextreme (Starkregen/Hochwasser, Hitze/Dürre u. a.) gelten für fast acht von zehn Deutschen (79%) als „größte Bedrohung der Zukunft". Die sicht- und spürbare Häufung und Intensität von Extremwetterlagen bedrückt am meisten die 65plus-Generation (88%), die Bewohner im ländlichen Raum (87%) sowie Haushalte mit Kindern (84%). Unterdurchschnittlich ist hingegen die ökologische Betroffenheit (77%) der jungen Generation im Alter von 14 bis 24 Jahren ausgeprägt, die doch die Hauptlast des Klimawandels in Zukunft zu tragen hat. Offensichtlich wird die junge Generation mehr von persönlichen, insbesondere finanziellen Sorgen oder existentiellen Zukunftsängsten geplagt als von drohenden Umweltgefahren, deren Folgen für sie doch erst in ferner Zukunft liegen. Es besteht nachweislich ein enger Zusammenhang zwischen Wohlstandsniveau und Umweltverhalten. Ist der Wohlstand gefährdet, sinkt auch die ökologische Sensibilität und Betroffenheit – und sei auch das Umweltbewusstsein noch so hoch. Das Auf und Ab der Fridays-for-Future-Bewegung beweist, wie schnell die öffentliche Aufmerksamkeit sinkt, wenn Kriegsgefahren drohen und sich Wohlstandsverluste abzeichnen.

Zukunftsprognose

Seit Aristoteles gilt in der antiken Philosophie der Satz „Natura non facit saltus". Die Natur macht bekanntlich keine Sprünge, doch der Mensch schon. Spätestens seit den Veröffentlichungen des Club of Rome über die „Grenzen des Wachstums" in den siebziger Jahren des vorigen Jahrhunderts sind die Menschen in ihren Einstellungen zum Wandel und den „Sprüngen" von Natur, Umwelt und Klima beunruhigt. Meist sind es externe Einflussfaktoren, die sprunghafte Veränderungen im Umweltbewusstsein der Bevölkerung auslösen: Finanz-, Wirtschafts- und Gesellschaftskrisen genauso wie Kriege oder Naturkatastrophen. Diese Unwägbarkeit der Ereignisse spiegelt sich auch in den Zukunftsprognosen wider: Mal geht die Bedrohungsspirale nach oben und mal nach unten. 2019 war beispielsweise das letzte Vorcoronajahr; die Welt schien in Ordnung zu sein. Umweltbewusstsein konnte sich die Bevölkerung leisten (83%). Es folgen Polykrisenjahre, in denen Kriege, Krisen und Katastrophen zeitlich zusammenfielen und nicht nacheinander folgten. Das Umweltbewusstsein hat seither den Höchstwert von 2019 nicht wieder erreicht. Diese Unstetigkeit wird sich in den anhaltend unsicheren Zeiten nicht verändern.

Ist der Wohlstand gefährdet, sinkt das Interesse an Klimafragen

Gut drei Viertel der Bevölkerung werden auch in Zukunft den Klimawandel als Bedrohung empfinden. Diese ständigen Stimmungsschwankungen der Bevölkerung, die von externen Ereignissen abhängig sind, lassen nur bedingt präzise Prognosedaten zu. Die Bedrohungsskala pendelt dabei ständig zwischen 70 und 80 Prozent Zustimmung der Bevölkerung. Vor diesem Problemhintergrund kann nur annähernd für die nächsten Jahre prognostiziert werden: Etwa 78 Prozent im Jahr 2025, 75 Prozent zehn Jahre später und 80 Prozent im Jahre 2045 haben Umweltsorgen. Es kann davon ausgegangen werden, dass in den nächsten zwanzig Jahren Phasen des Ökooptimismus von Phasen des Ökopragmatismus und des Ökopessimismus abgelöst werden, weil Emotionen und Gefühlsäußerungen genauso wichtig werden wie Wissen und rationale Überlegungen. Die Menschen bleiben hin- und hergerissen zwischen Umweltsensibilisierungen und Umweltzerstörungen, die weitestgehend hausgemacht sind. Dazu gehören Bergrutsche und Felsstürze, Schlammlawinen, Hochwasser und Flutkatastrophen. Menschliche Eingriffe in die Landschaft ruinieren zunehmend das Ökosystem. Aus Rinnsalen können „Schusskanäle" werden, ganz zu schweigen von der globalen Umweltproblematik: Die Erde wird wärmer, Klimazonen verschieben sich und der Meeresspiegel steigt. Die Bedrohung ist real – heute, morgen und übermorgen auch.

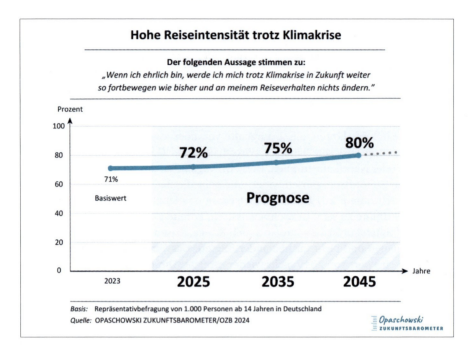

Datenanalyse

Jahr für Jahr weisen die Reise-, Urlaubs- und Tourismusanalysen seit den sechziger Jahren des vergangenen Jahrhunderts für die Deutschen nach: „Reisen ist die populärste Form von Glück". Ob Tschernobyl, Fukushima oder 11. September 2001, Finanz-, Wirtschafts- oder Umweltkrisen – die jährliche Erfolgsmeldung der Tourismusforschung lautet: „Die Reiselust der Deutschen ist ungebrochen." Das Mobilitätsbedürfnis erscheint unaufhaltsam. Über zwei Drittel der Bevölkerung (71%) verkünden stolz und trotzig: „Wenn ich ehrlich bin, werde ich mich trotz Klimakrise in Zukunft weiter so fortbewegen wie bisher und an meinem Reiseverhalten nichts ändern." West- und Ostdeutsche stimmen in dieser Hinsicht punktgenau überein (je 71%). Lediglich die Männer wollen etwas mehr Reisepioniere sein und bleiben (74%), während sich Frauen zurückhaltender äußern (69%). Die höchste Reiseintensität weisen verständlicherweise Familien mit Kindern (78%) auf, für die das Kindeswohl den Ausschlag gibt. Ferien, Urlaub und Reisen sind für Kinder gleichermaßen entwicklungsfördernde Lebens- und Erlebnisqualitäten, die für die Eltern Vorrang vor der Berücksichtigung von Umweltaspekten haben.

Zukunftsprognose

Wer die massenhafte Demokratisierung des Reisens aufhalten will, müsste schon ein „Reiseverbot" verordnen. Freiwillig geben die Deutschen ihr Reiserecht und ihr Reiseglück nicht auf. Selbst eine weltweite Pandemie hat den Reiseboom in Deutschland nur vorübergehend stagnieren und zugleich das Nachholbedürfnis fast explodieren lassen. Die Deutschen leben im Zeitwohlstand. Aus den zwei Wochen Urlaub der fünfziger Jahre sind inzwischen vier, fünf und teilweise sechs Wochen geworden. Jetzt stellt sich für die Zukunft nur noch eine offene Frage: Geht den Deutschen zum Reisen das Geld aus? Wenn es keine Finanz- oder gravierende Verschuldungskrise gibt, werden 2035 drei Viertel der Deutschen im Urlaub verreisen. 2045 können es erstmals in der Geschichte des Reisens 80 Prozent der Bevölkerung sein.

Der Tourismus wird in den nächsten zwanzig Jahren eine Art Leitökonomie für andere Branchen werden. Der Boom täuscht aber darüber hinweg, dass auch in Zukunft ein Viertel der Bundesbürger wegen Geldnot zu Hause bleiben muss. Die Wohlstandsschere zwischen Mobilen und Immobilen öffnet sich weiter. Arme, Alte, Arbeitslose und Alleinstehende sind davon besonders betroffen. Sie müssen zwischen Sparreise und/oder Reiseverzicht wählen. Sparreise kann auch heißen: Kürzer verreisen.

Aber auch die übrigen Urlauber, die trotz Klimakrise unbeirrt weiter verreisen, werden den Klimawandel zu spüren bekommen. Wenn die Erde fiebert, Mallorca wegen chronischen Wassermangels und Stromausfällen Urlaubsgäste verliert, das große Schmelzen im Wintertourismus beginnt und manche klassischen Skigebiete sterben, dann muss neu über den Sinn des Reisens nachgedacht werden – bei den Urlaubern genauso wie bei den Reiseanbietern.

Ein Umdenken der Touristiker und ein Umlenken der Touristen tut not

Auch im Jahr 2045 gilt: Die Urlaubsreise ist vielleicht der letzte Traum vom guten, vom besseren Leben, der auch in hundert Jahren noch nicht ausgeträumt sein wird. Und selbst die Gipfelbesteigung des Mount Everest, eines der begehrtesten Reiseziele von Outdoor-Touristen, kann zum Gipfel des Selbstbetrugs werden, wenn sie unterhalb der 6.500-Meter-Grenze tonnenweise Müll hinterlässt. Die Reisenden der Zukunft werden lernen müssen: Reisen ist immer auch mit Beschwerlichkeiten und Risiken verbunden. Nicht für jedes Risiko steht eine Versicherung bereit. Jedes Jahr werden weltweit etwa 150 Menschen durch Kokosnüsse erschlagen.

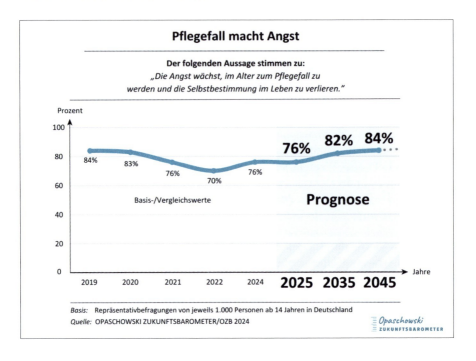

Datenanalyse

Wie nie zuvor können sich die Deutschen auf ein langes Leben freuen, wenn die gewonnene Lebenszeit pflegefrei bleibt. Doch diese persönliche Wunschvorstellung erfüllt sich für die Bevölkerungsmehrheit nicht. Ganz im Gegenteil: Bei gut drei Vierteln der Bundesbürger (76%) „wächst die Angst, im Alter zum Pflegefall zu werden und die Selbstbestimmung im Leben zu verlieren". Darin stimmen die meisten überein, die Frauen genauso (76%) wie die Männer (76%), Befragte mit Abitur oder Hochschulabschluss ebenso (77%) wie Hauptschulabsolventen (77%). Und auch Besserverdienende mit über 2.500 Euro Haushaltsnettoeinkommen sorgen sich in gleicher Weise um die Erhaltung ihrer Lebensqualität (75%) wie die Bezieher geringerer Einkommen von 1.500 Euro (76%). Das „Angstszenario Pflegefall" ist keine Geld-, Geschlechts- oder Bildungsfrage. Wohl fühlt sich die 65plus-Generation in besonderer Weise davon betroffen (83%), während die 14- bis 24-Jährigen dieser Situation deutlich gelassener (60%) entgegensehen. Auch Haushalte mit Kindern machen sich in dieser Hinsicht weniger Sorgen (68%) als Kinderlose (78%), die weitgehend auf bezahlte Pflege außerhalb der Familie angewiesen sind.

Zukunftsprognose

Der Pflegenotstand in den nächsten zwanzig Jahren ist vorhersehbar wie der Klimanotstand heute auch. Doch deutet sich eine bemerkenswerte Zukunftstendenz an: Die Pflegekrise ängstigt die Menschen mehr als die Klimakrise. In der Risikoeinschätzung des Lebens zeichnet sich eine Prioritätenverschiebung für die Zukunft ab. Was auch immer politisch und gesellschaftlich geschieht: Die Angst vor dem Pflegefall wächst und bleibt. Eine Drei-Viertel-Gesellschaft lebt in ständiger Sorge vor dem Super-GAU des Lebens. Für 76 Prozent der Bevölkerung ist im Jahr 2025 die Selbstbestimmung des Lebens in Gefahr. 2035 können es 82 Prozent und 2045 etwa 84 Prozent sein. 2025 wird es rund 5,2 Millionen Pflegebedürftige in Deutschland geben, deren Zahl 2035 auf 5,6 Millionen und 2045 auf mindestens 6,2 Millionen ansteigt.

Der Bedarf an Pflegedienst- und Pflegeheim-Beschäftigten wächst extrem. Allein in den vergangenen zwei Jahrzehnten hat sich der Anteil der Pflegeheim-Beschäftigten um über siebzig Prozent erhöht. Der Fachpflege-Engpass in der Pflegebranche ist vorprogrammiert und wird sich auch nicht wie in Japan durch den Einsatz von Pflegerobotern beheben lassen. Deutschland wird bald auf eine Strategie der pflegenden Hände angewiesen sein – aus dem eigenen Land oder aus dem Ausland von Polen bis Thailand.

Wohl und Würde pflegebedürftiger Menschen sind in naher Zukunft massiv gefährdet

Es droht ein doppelter Mangel an Pflegekapazität: Personalmangel und Pflegeplatzmangel. Familie und nächste Angehörige werden schon bald – physisch und psychisch – überfordert sein. Was die Politik fortan leisten muss, ist die Sicherstellung mitmenschlichen Umgangs mit Pflegebedürftigen. Prioritär müssen positive Projekte mit Beispielcharakter für den sozialen Zusammenhalt im Nahbereich von Familie und Nachbarschaft gefördert werden. Care-Arbeit, die freiwillige soziale Betreuung von alten Menschen, wird in den nächsten Jahren zu einem neuen Pflicht-Kanon für die Bevölkerung jeden Alters werden: Nach der Schule, berufsbegleitend oder als vorübergehende soziale Auszeit. Das Engagement hat einen besonderen Nebeneffekt. Wer sich um andere sorgt, lebt länger. „Pflege neu und weiter denken" heißt die Herausforderung in der künftigen Gesellschaft des langen Lebens. Das Ziel ist klar: Selbstbestimmt in der eigenen Wohnung weiter leben können.

C. DAS OPASCHOWSKI ZUKUNFTSBAROMETER

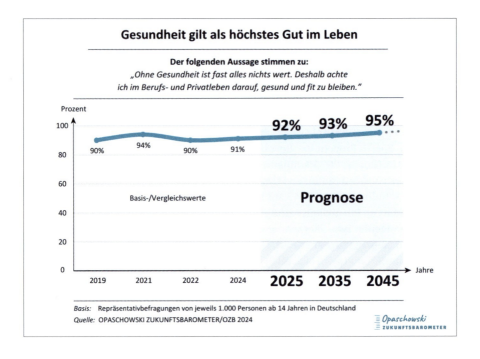

Datenanalyse

91 Prozent der Bevölkerung in Deutschland leben nach dem Grundsatz: „Ohne Gesundheit ist fast alles nichts wert. Deshalb achte ich im Berufs- und Privatleben darauf, gesund and fit zu bleiben." Ob Westdeutsche oder Ostdeutsche, Geringverdienende unter 1.500 Euro Haushaltsnettoeinkommen oder Besserverdienende über 2.500 Euro: Sie alle stimmen im gleichen Maße (je 91%) dem Loblied auf die Bedeutung der Gesundheit für das eigene Leben zu. Unterschiede der Bewertung sind lediglich bei zwei Bevölkerungsgruppen feststellbar. Mit der Bildung steigt das Gesundheitsbewusstsein. Die Höhergebildeten mit Abitur oder Hochschulabschluss stellen in der Bevölkerung die Spitzengruppe mit 96 Prozent Zustimmung dar. Zudem ist Gesundheitsorientierung neben der Wissens- auch eine Altersfrage. Die Generation 65plus Iebt besonders gesundheitsbewusst (93%) – ganz im Gegensatz zu den Singles, die deutlich weniger

Wert (81%) auf ein gesundes Leben legen. Für die überwältigende Mehrheit der Deutschen aber gilt: Wohlstand fängt mit dem persönlichen Wohlergehen an.

Zukunftsprognose

Zukunftsprognosen In einer künftigen Gesellschaft des langen Lebens wird das gesundheitliche Befinden der Menschen entscheidend für ihre Lebenszufriedenheit und ihre Teilhabe am gesellschaftlichen Leben sein. Wenn 90 und mehr Prozent der deutschen Bevölkerung im Berufs- und Privatleben darauf achten, „gesund und fit zu bleiben", dann lässt der gute Gesundheitszustand der Bevölkerung auch Rückschlüsse auf Wachstum, Wohlstand und Wirtschaftskraft des Landes zu. Dann geht es Märkten und Menschen, Land und Leuten gut. Gesundheit wird zum privaten und öffentlichen Gut. Der kontinuierlich hohe Zufriedenheitsgrad der Bevölkerung mit dem eigenen Wohlbefinden erweist sich als Wachstumspotential, mit dem Politik, Wirtschaft und Gesellschaft in den nächsten Jahren weiter rechnen können. Der subjektiv in der Bevölkerung eingeschätzte Gesundheitswert wird 2025 bei 92 Prozent, 2035 bei 93 Prozent und 2045 bei etwa 95 Prozent liegen. Kein Bereich des Lebens wird diese Topwerte übertreffen können.

Die Gesundheitsorientierung des Lebens kann in Zukunft die dominante Konsumhaltung ablösen

„Gesund leben" wird in den nächsten zwanzig Jahren zum neuen Statussymbol. Jenseits der Negativnachrichten aus aller Welt coachen sich viele Menschen selbst, um möglichst lange beschwerdefrei leben zu können. Der Anteil der Bevölkerung, der seinen Gesundheitszustand als „gut" oder gar „sehr gut" bezeichnet, nimmt ständig zu. Die Erfolge bleiben nicht aus. Nachweislich haben bereits heute über neunzig Prozent der 65- bis 79-Jährigen in Deutschland keinen Pflegebedarf. Noch nie waren die Wünsche nach einem selbstbestimmten Leben bis zur Hochaltrigkeit so realitätsnah wie in den nächsten zwanzig Jahren. In der Entwicklung neuer Maßstäbe für Lebensqualität im 21. Jahrhundert stehen wir erst am Anfang

Mehr als bisher wird Wert auf die weitgefasste Definition der Weltgesundheitsorganisation (WHO) gelegt. Danach ist Gesundheit ein Zustand des vollkommen körperlichen, geistigen und sozialen Wohlergehens und nicht nur das Fehlen von Krankheit oder Gebrechen. Insbesondere das soziale Wohlergehen bekommt dabei eine immer größere Bedeutung, wie die Kontakteinschränkungen während der Pandemie gezeigt haben. Sozialer Zusammenhalt wird wichtig. Noch nie haben so viele Menschen in Deutschland ein so hohes Alter erreicht. Doch Hochaltrigkeit ist nur gut, wenn es sich auch lohnt und erstrebenswert ist, so lange zu leben.

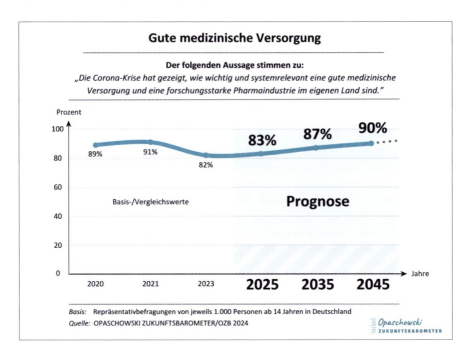

Datenanalyse

Die Auswirkungen der Coronakrise und eine stetig wachsende Hochachtung der Bevölkerung vor der Bedeutung der persönlichen Gesundheit verstärken den Systemcharakter des Gesundheitswesens in Deutschland. Förderung und Erhaltung der Gesundheit stehen im Zentrum von Gesundheitsforschung und Gesundheitspolitik. Mehr als acht von zehn Bundesbürgern (82%) halten „eine gute medizinische Versorgung und eine forschungsstarke Pharmaindustrie im eigenen Land" für systemrelevant. Die größte Dringlichkeit (95%) mahnt derzeit die Bevölkerung im ländlichen Raum an. Diese Bevölkerungsgruppe fühlt sich hinsichtlich der medizinischen Versorgung vielfach ausgegrenzt und vernachlässigt, während Großstädter deutlich weniger (80%) Anlass zur Klage haben. Ungleichheiten in der Versorgungslage zeichnen sich für die Zukunft dennoch in mehrfacher Hinsicht ab. 86 Prozent der 65plus-Generation und 96 Prozent der über 80-Jährigen legen besonders großen Wert auf infrastrukturelle Gesundheitsförderungen vor Ort. Auch Geringverdiener (85%) fordern eine bessere medizinische Versorgung. Der Ausbau einer sozial gerechten Infrastruktur von Hilfeleistungen wird zur großen Herausforderung künftiger Gesundheitspolitik.

Zukunftsprognose

In den nächsten zwanzig Jahren boomen Bio- und Gentechnologien, Pharmaforschung und Forschungsindustrien gegen Krebs, Alzheimer und Demenz. Die Erforschung weltweiter Pandemien und Epidemien wird weiter an Bedeutung gewinnen. Hinzu kommen gesundheitsnahe Branchen, die Care, Vitalität und Revitalisierung anbieten sowie Pflege, Reha und Gesundheitssport.

Das Gesundheitswesen wird zum Megamarkt der Zukunft

Die Gesundheitsindustrie wird zum Wachstumsmotor und kann bedeutsamer als die Automobilindustrie sein. Insbesondere die digitale Medizin wird wesentlich zur weiteren Expansion beitragen.

Zur medizinischen Versorgung gehören vor allem der Krankenhaus-Sektor sowie Rehabilitationseinrichtungen ambulanter oder stationärer Art. Es wird in Zukunft wieder eine stärkere Gemeinwohlorientierung des Gesundheitswesens geben. Die Personalknappheit zwingt zu mehr Qualitätsorientierung, was insbesondere in der Krankernhausfinanzierung fast einem Paradigmenwechsel gleichkommt (weg von der „Fallpauschale"). Gesundheitsförderung wird als soziale Aufgabe und Daseinsvorsorge verstanden. Um der Personalknappheit zu begegnen, werden die Arbeitsbedingungen verbessert und die Arbeitszufriedenheit erhöht. Die Kontaktzeiten werden erweitert. Vertrauen, Verantwortung und Verlässlichkeit halten wieder stärker Einzug in den medizinischen Alltag von Ärzten, Fachpraxen und Krankenhäusern. Die Humanisierung der Gesundheitsversorgung ist ein großes Zukunftspotential.

Die Mehrheit der 65plus-Generation wird 2045 nicht verheiratet, sondern ledig, verwitwet oder geschieden sein. Die meisten leben in Ein-Personen-Haushalten und sind vielfach auf den Ausbau einer professionellen Infrastruktur im Gesundheitsbereich angewiesen. Für die Politik werden Informationen über das subjektive Wohlergehen der Bevölkerung von fundamentaler Bedeutung. Es kann sicher nicht Aufgabe des Staates sein, jedem Bürger ein sorgen- und unbeschwertes Leben zu garantieren. Aufgabe künftiger staatlicher Gesundheitspolitik muss es vielmehr sein, solche Lebensbedingungen zu schaffen, unter denen die Bürger über genügend Ressourcen und Kompetenzen verfügen, sich um ihr subjektives Wohlergehen selbst zu kümmern. Durch eine langfristig angelegte Prävention lassen sich zudem hohe Einsparpotentiale bei den Gesundheitskosten erzielen. Für das Gemein- und Eigenwohl werden sich in Zukunft Staat und Bürger die Verantwortung mehr teilen müssen. Die Bürger werden dies auch mehrheitlich wollen – wenn man sie nur lässt.

C. DAS OPASCHOWSKI ZUKUNFTSBAROMETER

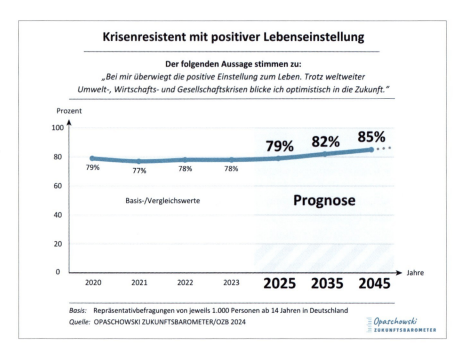

Datenanalyse

Werden wir als Optimisten geboren? Und verlieren oder verlernen wir mit dem Älterwerden unsere positive Einstellung zum Leben? Fast acht von zehn Bundesbürgern (78%) bleiben auch in Krisenzeiten positiv gestimmt, die Frauen (78%) genauso wie die Männer (78%). Die überwiegende Mehrheit der Bevölkerung kann gar von sich sagen: „Bei mir überwiegt die positive Einstellung zum Leben. Trotz weltweiter Umwelt-, Wirtschafts- und Gesellschaftskrisen blicke ich optimistisch in die Zukunft." Bemerkenswerte Unterschiede sind allerdings zwischen einzelnen Bevölkerungsgruppen feststellbar. Haushalte mit Kindern sind deutlich positiver eingestellt (85%) als Kinderlose (76%). Westdeutsche sind optimistischer gestimmt (79%) als Ostdeutsche (73%). Und mit dem Bildungsgrad wächst der Zukunftsoptimismus. Hauptschüler zeigen eine geringere Krisenresistenz (77%) als Absolventen weiterführender Schulen (78%) oder Befragte mit Abitur oder Hochschulabschluss (85%). Mit Wissen und höherer Bildung lassen sich Krisen im Leben besser bewältigen. Und bei der jungen Generation unter 24 Jahren dominiert der Zukunftsoptimismus (84%), der mit dem Lebensalter deutlich nachlässt.

Zukunftsprognose

Die positive Einstellung zum Leben überlebt alle Krisen. Man muss nicht als Optimist geboren sein, um auch in Dauerkrisenzeiten das Beste aus dem Leben machen zu können. Die persönliche Zuversicht schützt, motiviert und macht Mut, auch wenn in der öffentlichen Diskussion nicht selten negatives Denken fast apokalyptischen Ausmaßes vorherrscht. In den zurückliegenden Coronajahren 2020, 2021 und 2022 bewegte sich die optimistische Einstellung der Bevölkerung stabil bei Zustimmungswerten um 77/78 Prozent. Wenn die Zeiten in den nächsten zwanzig Jahren wieder besser werden, gehen die Deutschen gestärkt und selbstbewusst aus ihrem Krisenmodus hervor. Etwa 79 Prozent der Bevölkerung werden 2025 zuversichtlich sein und auch in den Folgejahren ihren optimistischen Blick in die Zukunft nicht aufgeben. 2035 bleiben 82 Prozent der Deutschen positiv gestimmt und 2045 können es 85 Prozent sein.

Gut leben im Krisenmodus ist die neue deutsche Gelassenheit

Für die Deutschen ist die Zuversicht nicht am Ende und geht das Vertrauen in die Zukunft nicht verloren. Die Mehrheitsgesellschaft in Deutschland lebt eher nach der Devise: Am Horizont ist Licht in Sicht. Wenn Krisen zur Normalität zu werden drohen, ziehen sich die Deutschen in ihre „Burg", an den „Ankerplatz" und in den sicheren „Hafen" zurück: Das ist die Familie. Zunehmend stellt sich für die nächsten zwanzig Jahre die Frage: Was macht ein Mensch ohne Familie – ob alt oder jung? Nachweislich erweist sich ein positives Lebensgefühl als beste Lebensversicherung für die Zukunft. Positiv Gestimmte beherrschen besondere Lebenstechniken zur Problembewältigung des Alltags, die zugleich wie eine Medizin zur Lebensverlängerung wirken. Ein Lernziel des Lebens für die Zukunft wird lauten: Positiv-Potentiale entdecken! Hinter der positiven Lebenseinstellung mag sich mitunter auch Wunschdenken verbergen. Doch mit der Entwicklungsgeschichte der Menschheit sind schon immer Glaube und Hoffnung auf ein besseres Leben verbunden. Wenn die Lebensqualität spürbar schlechter wird oder bedroht ist, setzt der menschliche Wille zum Leben ein. Auch 2035 und 2045 werden deutsche Düsternis oder German Angst das Positiv-Denken der Mehrheitsgesellschaft nicht verdrängen können. In den künftigen Krisensituationen wird weiter ein gebremster Optimismus dominieren, um das Wünschbare und Lebenswerte offen angehen zu können. Das kann auch öfter heißen: Stolpern. Aufstehen. Weitermachen.

II. ARBEIT. EINKOMMEN. VORSORGE

Herausforderungen & Chancen

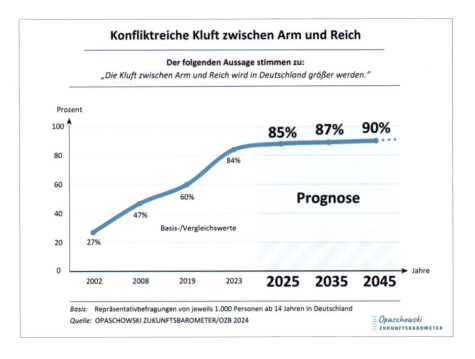

Datenanalyse

Die wachsende Kluft zwischen Arm und Reich gilt in zunehmendem Maße als größter Konfliktfaktor für das Zusammenleben der Menschen. Nach der Jahrtausendwende haben sich in dieser Hinsicht die Befürchtungen der Menschen geradezu explosiv entwickelt (2002: 27% – 2008: 47%). Einen zusätzlichen Schub des Konfliktbewusstseins hat es durch die Coronakrise und ihre Folgen gegeben. Im Vorcoronajahr 2019 stimmten 60 Prozent der Bevölkerung der Aussage zu: „Die Kluft zwischen Arm und Reich wird in Deutschland größer werden." 2023 war der Zustimmungsanteil auf 84 Prozent angestiegen. Die größten Befürchtungen äußern nach wie vor die Bewohner im ländlichen Raum (92%). Sie bekommen die Wohlstandsverluste deutlich mehr zu spüren als die Großstädter (83%). Das Wissen um die ungerechte Verteilung der Lebenschancen kann sich zur Vertrauenskrise der Wähler ausweiten, weil sich die Betroffenen als Wohlstandsverlierer fühlen. Mit der Unzufriedenheit häufen sich die Enttäuschungserfahrungen. Unterschiedliche Lebenschancen tragen zur konfliktreichen Polarisierung der Gesellschaft von morgen bei.

Zukunftsprognose

2002 wurde von der Deutschen Gesellschaft für die Vereinten Nationen eine wachsende weltweite Ungleichheit für die nahe Zukunft vorausgesagt: Stagnation in den ärmsten Ländern und Wachstum in vielen der reichsten Länder. Auf der Basis der Millenniums-Umfrage von Gallup International, in der mehr als 50.000 Menschen in 60 Ländern befragt wurden, wurde eine *Welt* von morgen prognostiziert, die immer stärker fragmentiert ist zwischen Armen und Reichen, Mächtigen und Machtlosen (UNDP 2002). Als Folge davon würden strategische Militärbündnisse wieder in den Mittelpunkt gerückt und Menschenrechte aus Gründen der nationalen Sicherheit eingeschränkt. Im gleichen Jahr 2002 sagte der Autor auch für Deutschland ein „Konfliktfeld Deutschland in schwierigen Zeiten" (Opaschowski 2002) voraus: Eine Kluft zwischen Gewinnern und Verlierern. Da stehen wir heute. Die Sorgen werden immer größer. Die explosive Zunahme in den letzten zwei Jahrzehnten von 2002 (27%) bis 2023 (86%) lässt daher auch für die nächsten zwanzig Jahre eine wachsende Kluft zwischen Arm und Reich erwarten. Vorsichtig prognostiziert sorgen sich im Jahr 2025 etwa 85 Prozent der Deutschen um den sozialen Frieden in Deutschland, 2035 können es 87 Prozent und 2045 rund 90 Prozent sein. Dieser befürchtete soziale Zündstoff auf hohem Niveau ist kaum mehr zu steigern, wenn es nicht zu sozialen Unruhen kommen soll.

Werden Arme immer ärmer und Reiche immer reicher, wie es das Wirtschaftsforum 2024 im Schweizer Davos nahelegte? Nur auf den ersten Blick. Für Deutschland weist beispielsweise das Institut der deutschen Wirtschaft (IW) eine relativ stabile Entwicklung der Einkommen nach. Zwar hat die Coronakrise die Ungleichheit der Erwerbseinkommen erhöht, aber zugleich auch durch die sozialstaatlichen Maßnahmen weitgehend wieder abgefedert. Das Ungleichheitsniveau in Deutschland ist zwar nicht überproportional gestiegen, aber objektiv und subjektiv weiter vorhanden, was insbesondere die Mittelschicht beunruhigt und in Zukunft zu massenhaften Enttäuschungen führen kann. Auf dem Weg in die Jahre 2035 und 2045 nehmen die Ängste vor einem sozialen Absturz weiter zu.

Immer mehr Menschen können sich nicht mehr richtig wohlhabend fühlen

Noch-Wohlhabende sorgen sich um einen Absturz ins Mittelmaß. Sie stellen fest, dass sie sich mehr leisten, als sie sich eigentlich leisten können. Sie leben über ihre Verhältnisse und geraten in die Situation eines prekären Wohlstands. Verlustängste werden mehrheitsfähig.

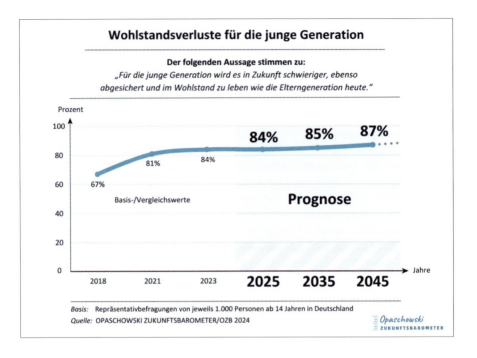

Datenanalyse

In Zukunft warten auf die junge Generation große Wohlstandsverluste. Die Zeiten im warmen Bad des Wohlstands sind für sie erst einmal vorbei. Die Polykrisenzeit (Corona, Ukrainekrieg, Klimakrise) der letzten Jahre fordert ihren Tribut. Die Rechnung wird die nächste Generation bezahlen müssen. 84 Prozent der deutschen Bevölkerung sind davon überzeugt: „Für die junge Generation wird es in Zukunft schwieriger, ebenso abgesichert und im Wohlstand zu leben wie die Elterngeneration heute". Noch in der Vorkrisenzeit waren im Jahr 2018 nur 67 Prozent der Deutschen dieser Meinung. Die Westdeutschen schätzen derzeit den künftigen Wohlstand der jungen Generation deutlich pessimistischer (85%) ein als die Ostdeutschen (80%). Die größten Zukunftssorgen machen sich die Bewohner im ländlichen Raum (96%). Besonders problematisch sieht auch die Kriegsgeneration der über 80-Jährigen die weitere Wohlstandsentwicklung (90%). Diese Generation befürchtet, ihrer Generationenpflicht, der nächsten Generation eine bessere Welt zu hinterlassen, nicht verlässlich nachgekommen ist. Ganz anders die Reaktion von Paaren „ohne Kinder", die sich deutlich weniger Gedanken (74%) machen.

Zukunftsprognose

Wie viel Wohlstand braucht der Mensch? Diese Frage ist derzeit offener denn je, weil die Zukunftssicherung der nächsten Generation nicht mehr sicher ist. Städte und Kommunen können nicht länger die Sozialstandards einhalten, die sie bisher den Eltern- und Großelterngenerationen gewährten. Die Folge: Die Erwachsenengeneration lebte und lebt auf Kosten der jungen Generation und erhält dabei Sozialleistungen, die morgen zu Dauerlasten für kommende Generationen werden.

Die Generationengerechtigkeit ist infrage gestellt: Die soziale Fortschrittsfrage muss neu beantwortet werden

Was passiert, wenn nichts passiert, wenn wir die Entwicklung so weiterlaufen lassen, wie sie läuft, wenn wir die Richtung nicht ändern oder gegensteuern? Keine guten Zukunftsaussichten für die Nachkommen. 2025 werden etwa 84 Prozent der Bevölkerung der nachkommenden Generation eine „schwirige Zukunft" bescheinigen, die Zug um Zug problematischer wird. 2035 können es 85 Prozent und 2045 etwa 87 Prozent der Deutschen sein, die gravierende Wohlstandsverluste für die nächste Generation befürchten.

Wenn die Jugend nicht zum Wohlstandsverlierer werden soll, dann müssen die heutigen Wohlstandsausgaben für die Eltern- und Großelterngeneration dort ihre Grenzen finden, wo sie die Freiheitsrechte künftiger Generationen beschneiden. Die junge Generation hat ein Recht auf eine lebenswerte Zukunft. Wie beim Klimabeschluss des Bundesverfassungsgerichts vom März 2021 muss den Lebenschancen künftiger Generationen eine besondere politische Priorität eingeräumt werden. Der Staat hat eine Sorgfaltspflicht und ist für die Daseinsvorsorge verantwortlich. Politiker und Parteien müssen ein Zukunftssicherungsgesetz schaffen, Vorsorge als Staatspflicht begreifen und entsprechend handeln.

Andernfalls drohen Spannungen und soziale Spaltungen, wenn die Staatsschulden von Bund, Ländern und Gemeinden weiterhin eine Rekordhöhe erreichen. Ein fürsorgender Staat muss seine Pflicht zur Daseinsvorsorge ernst nehmen und sich seiner sozialen Verantwortung stellen. Aber auch die Elterngeneration muss ihren Kindern einen Grund zur Hoffnung geben, damit sich die Nachkommen nicht um ihre Zukunft betrogen fühlen.

Datenanalyse

Jeder Mensch braucht eine Aufgabe und will im Leben etwas leisten – von Kindheit an. Doch eine vor Jahrzehnten geborene Sozialidee, die derzeit weltweit diskutiert wird, stößt bei der Bevölkerung in Deutschland immer mehr auf Vorbehalte, Ablehnung und Widerstand. Ein stetig wachsender Teil der Deutschen (2019: 46% – 2022: 72% – 2023: 80%) lehnt die Einführung eines „bedingungslosen" Grundeinkommens für alle ab. 80 Prozent der Ostdeutschen und 79 Prozent der Westdeutschen, 80 Prozent der Frauen und 70 Prozent der Männer nennen als Begründung: „Ohne irgendeine Form der Gegenleistung wird das bedingungslose Grundeinkommen in Deutschland nicht durchsetzbar sein." Die überwiegende Mehrheit der Deutschen lebt leistungsbewusst. Sie will sich nicht vom Staat ein Einkommen ohne Gegenleistung einfach schenken lassen. Ein Einkommen für alle muss nach Meinung der Bevölkerung auch als Leistung von allen regelrecht verdient worden sein. Soziale Anerkennung verdient, wer im Leben etwas leistet – in der Schule oder im Beruf, in der Familie und der Kindererziehung, im Verein oder im sozialen Engagement – mit oder ohne Bezahlung.

Zukunftsprognose

Die Deutschen werden sich in Zukunft mehr mit dem Begriff Leistungsgesellschaft und weniger mit der Wohlstandsgesellschaft identifizieren. Die leistungsbezogene Suche nach Beschäftigungsformen, die Existenzsicherung UND Lebenserfüllung gleichermaßen gewähren, ist das Credo der Deutschen im 21. Jahrhundert. Auch und gerade in dauerhaften Krisenzeiten bleiben sie auf Fleiß und Anstrengung fixiert. Die vehemente Ablehnung einer Leistung ohne Gegenleistung wird wohl erhalten bleiben. Es ist davon auszugehen, dass im Jahr 2025 etwa 82 Prozent der Bevölkerung das bedingungslose Grundeinkommen für nicht durchsetzbar halten. An dieser Grundeinstellung wird sich auch 2035 (84%) und 2045 (87%) nichts wesentlich verändern.

Die protestantische Berufsethik wirkt noch nach. Die moralische Begründung dafür lautet: Wer bedingungs"los" sein Leben lebt, droht Ziel, Sinn und Perspektive im Leben zu verlieren – „los" im Sinne des englischen ‚to loose' in der Bedeutung von „verlieren". Auch in Zukunft bleibt der Mensch ein gefährdetes Wesen, das um sein Leben kämpfen will und muss. Leistung, Fleiß und Anstrengung gehören immer dazu. Sie sollen die Zukunft sichern helfen und die Menschen nicht aus ihrer Eigenverantwortung entlassen. Wer mehr leistet, kann sich im Leben meist auch mehr leisten.

Das Thema „Bedingungsloses Grundeinkommen" ist und bleibt eine Jahrhundertfrage – über alle Parteien und Interessengruppen hinweg. Es handelt sich schließlich um ein humanes Anliegen basierend auf einem positiven Menschenbild.

Grundeinkommen für alle:
Wer hat dann noch Lust zu arbeiten?

Braucht der Mensch nicht zum Glücklichsein eine Hierarchie nach oben und nach unten? Wenn alle das gleiche Einkommen haben: Wächst dann nicht die Unzufriedenheit? Und wo bleiben Leistungsehrgeiz und Leistungswille? Oder entwickelt sich im Laufe der nächsten Jahrzehnte eine neue Arbeitsethik jenseits von Konto und Karriere? Vielleicht wächst aber auch eine Generation von Lebensunternehmern heran, neue Akteure der Zukunftsgestaltung, deren Agenda für das Leben lautet: Verantwortung übernehmen! Das wäre eine wahre Zukunftschance: eine Welt der Verantwortung von Menschen und nicht nur von Märkten, Managern und Institutionen.

C. DAS OPASCHOWSKI ZUKUNFTSBAROMETER

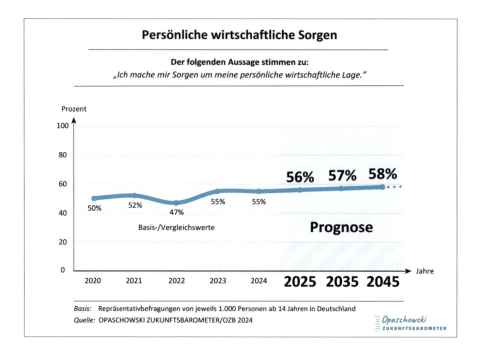

Datenanalyse

Zukunftsungewissheit macht sich bei den Konsumenten in Deutschland breit. Seit Ausbruch der Coronakrise sind die wirtschaftlichen Sorgen bei großen Teilen der Bevölkerung angekommen, aber mehr moderat als explosiv. 55 Prozent der Deutschen können derzeit von sich sagen: „Ich mache mir Sorgen um meine persönliche wirtschaftliche Lage." Bei Beginn der Coronakrise waren es 50 Prozent der Bevölkerung, bei Ausbruch des Ukrainekriegs 55 Prozent. Seither haben sich die Sorgen nicht weiter verändert und auch 2024 den Wert in gleicher Höhe erreicht (55%). Bemerkenswert ist allerdings, dass die Ostdeutschen keine größeren Wirtschaftssorgen haben als die Westdeutschen (je 55%). Die Ungleichheit der Lebensverhältnisse in Ost und West spiegelt sich in den persönlichen Geldsorgen kaum wider. Die soziale und weniger die geografische Lage bestimmt den Betroffenheitsgrad. Die geringsten Sorgen machen sich derzeit Jugendliche (46%) und Rentner (52%). Die größten Sorgen äußern Alleinstehende, insbesondere Verwitwete, Geschiedene und Getrennt-Lebende 63%) sowie Geringverdiener unter 1.499 Euro Nettoeinkommen pro Monat. Die Unzufriedenheit über die persönliche wirtschaftliche Lage ist in Deutschland – je nach sozialer Lage – ungleich verteilt.

Zukunftsprognose

Deutschlands Wirtschaft schwächelt. Die wirtschaftspolitische Ausgangslage ist extrem herausfordernd. Der Internationale Währungsfonds (IWF) hat seine Deutschlandprognose halbiert. Und nach dem Jahreswirtschaftsbericht 2024 der Bundesregierung gibt die Lage durchaus Anlass zur Sorge. Die durch den Ukrainekrieg gestiegene Inflation belastet die Konsumenten weiterhin. Eine grundlegende Änderung ist kaum in Sicht, weil es sich bei dieser Krisenlage anders als in früheren Jahren um strukturelle und längerfristige Entwicklungen handelt. Die Folgen von Coronapandemie, Energiepreiskrise und Ukrainekrieg hemmen die weitere konjunkturelle Belebung. Hinzu kommt der Mangel an sozialem Wohnungsbau bzw. an bezahlbarem Wohnraum.

Trotz dieser allgemeinen pessimistischen Grundstimmung ist eine stetige Stabilisierung der realen Kaufkraft bei den Konsumenten zu erwarten. Die Sorgen um die persönliche wirtschaftliche Lage werden wohl in den nächsten Jahren bleiben, weil auch die weltweiten Krisen bleiben. Aber die Sorgen werden relativ moderat und krisenresistent ausfallen: Im Jahr 2025 können es 56 Prozent und 2035 etwa 57 Prozent sein. Auch 2045 wird es keine Wohlstandsexplosion geben. Die Sorgenquote wird bei 58 Prozent der Bevölkerung liegen. Wohlstandsverluste bedrohen weiterhin die Mehrheitsgesellschaft.

Die Deutschen werden ärmer

Die Deutschen müssen in den nächsten zwanzig Jahren um ihr Geld und ihren Wohlstand bangen. Die Sehnsucht nach einer Rückkehr zum Vorkrisenniveau wird immer stärker, auch wenn der Eindruck einer relativen Krisenresistenz vorherrscht. Das Lager der Sorgenvollen wird von Jahr zu Jahr größer: 2010 39 Prozent, 2022 47 Prozent und 2024 55 Prozent. Wohlstandssorgen sind in Deutschland mehrheitsfähig geworden und werden der Bevölkerung auch 2035 und 2045 erhalten bleiben. Die Geringverdienenden unter 1.500 Euro Haushaltsnettoeinkommen werden ihr Leben nicht zukunftsfest planen und Zusatzkosten des Lebens für Zähne, Brille oder Urlaubsreise immer weniger finanzieren können. Es geht nicht um Brot, Butter oder Blumenkohl, sondern um die Finanzierung ihres Zukunftswunsches auf ein gutes Leben. Bei anhaltender Stagnation des Wohlstandslebens, das knapp über dem Existenzminimum liegt, werden sich viele Deutsche nicht mehr wohl und wohlhabend fühlen können. Große Teile der Bevölkerung werden lernen müssen, anders und bescheidener zu leben.

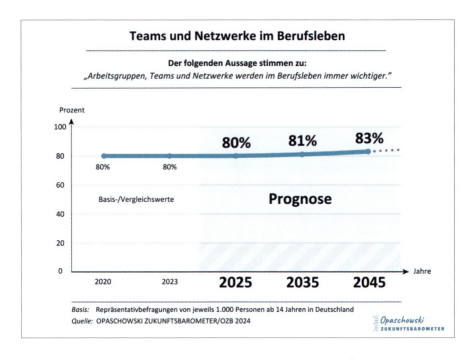

Datenanalyse

Die Coronakrise hat die Arbeitswelt digital verändert. Homeoffice, das Arbeiten von zu Hause aus, hält Einzug in den Arbeitsalltag. Arbeitnehmer wandeln sich zu Zeitpionieren. Acht von zehn Beschäftigten (80%) sind davon überzeugt: „Arbeitsgruppen, Teams und Netzwerke werden im Berufsleben immer wichtiger". Mit kaum zu überbietender Begeisterung (92%) will vor allem die junge Generation der 18- bis 24-Jährigen diese Arbeitsphilosophie in Zukunft leben und praktizieren. Die Millennials, die um die Jahrtausendwende Geborenen, wollen gleichzeitig digital und präsent sein. Die 50plus-Generation verhält sich in dieser Hinsicht sehr viel zurückhaltender (77%). Mit dem Bildungsgrad wächst hingegen die Offenheit für New Work und flexible Arbeitsmodelle. 77 Prozent der Befragten mit Hauptschulabschluss, 80 Prozent der Absolventen von weiterführenden Schulen und 83 Prozent der Abiturienten favorisieren veränderte Zeit- und Qualitätsansprüche an ihre Arbeit. Auch auf der Berufsebene spiegeln sich diese unterschiedlichen Einstellungen wider. 80 Prozent der Arbeiter, 83 Prozent der Angestellten und 94 Prozent der Selbständigen und Freiberufler heben die besondere Bedeutung beruflicher Teams hervor.

Zukunftsprognose

Ist das vorstellbar? 2045 beginnt die Arbeitswoche – und kaum einer verlässt das Haus, weil die Arbeit zum Arbeitnehmer kommt? Kosten werden gespart und Fehlzeiten reduziert? Von gewerkschaftlicher Seite nimmt zu Recht die Besorgnis zu, dass sich durch den ständigen Präsenz-Nachweis neue Mechanismen der Kontrolle ausbreiten.

Mit der Devise „Kaum mehr ins Büro", aber auch „Kaum mehr Feierabend" müssen Arbeitnehmer in Zukunft vor sich selbst geschützt werden

Die Ausbreitung von Teams und Arbeitsgruppen vermittelt zwei unternehmerische Botschaften: „Wir sind alle gleich wichtig". Und: „Jeder macht alles". Für das Betriebsklima kann sich das Arbeiten unter Gleichen positiv auswirken, aber auch ein Nährboden für Mobbing sein. Unter Gleichen nach oben kommen, ist oft nur möglich, wenn man durch zielstrebige Einzelleistung auffällt, was sich nachteilig auf den Gruppenerfolg auswirkt. Auch bei Arbeitsgruppen, Teams und Netzwerken zählt am Ende die Einzelleistung „im" Team, um Einzelkämpfertum und Untertauchen in der Gruppe zu verhindern.

Das Arbeiten „im" Team und „gegen" starre Hierarchien wird in den nächsten zwanzig Jahren unaufhaltsam sein. Acht von zehn Beschäftigten (80%) werden 2025 den Teamgedanken favorisieren und ihn 2035 (81%) und 2045 (83%) weiter anstreben. Kontaktchancen sind neben Einkommen und Erfolg zentrale Identifikationsbereiche.

Das Leitbild der Arbeit wird in Zukunft der Neue Selbständige mit persönlichen Betätigungs- und sozialen Bestätigungschancen sein, was auch den Unternehmenswert steigert. Starke Persönlichkeiten mit Charakter und Teamgeist der Mitarbeiter lassen in Zukunft Rückschlüsse auf die Lebenserwartung eines Unternehmens zu. Das Unternehmen lebt durch seine Persönlichkeiten mit Selbstwertgefühl. Und Arbeit hört auf, nur „Broterwerb" oder „Leistung gegen Lohn" zu sein. Die wachsende Feminisierung der Arbeitswelt wird diesen Prozess beschleunigen und den Rollen-Mix von Berufs- und Privatleben erleichtern. Dies hat auch zur Folge, dass mit dem Ende des Erwerbslebens die Lebensarbeit nicht zu Ende ist und der Sinn des Lebens nicht plötzlich verloren geht. Das „ganze" Leben ist dann wieder im Blick.

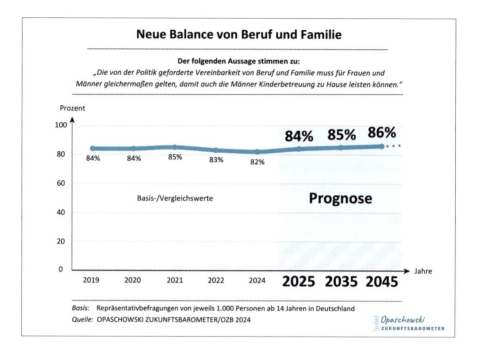

Datenanalyse

Die Coronakrise hat der Vereinbarkeit von Beruf und Familie einen positiven Schub versetzt. Mobiles Arbeiten zu Hause oder im Betrieb ist zunehmend gefragt. Erwerbstätigkeit und Familienmanagement wachsen zusammen. Für 82 Prozent der Bevölkerung in Deutschland gilt: „Die von der Politik geforderte Vereinbarkeit von Beruf und Familie muss für Frauen und Männer gleichermaßen gelten, damit auch die Männer Kinderbetreuung zu Hause leisten können." Die Frauen setzen sich mehr dafür ein (85%) als die Männer (78%). Auf der Berufsebene gehen die Vorstellungen hingegen weit auseinander. Gut drei Viertel der Arbeiterschaft (77%) wünschen sich eine solche Vereinbarkeit. Deutlich höher ist der Wunsch bei den Angestellten und Beamten ausgeprägt (je 84%). Und Selbständige und Freiberufler erreichen mit 96 Prozent Zustimmung einen fast nicht mehr zu übertreffenden Höchstwert, weil sie offensichtlich die Balance von Beruf und Familie schon im Alltag leben können oder zu leben versuchen. Die Offenheit für ein ausbalanciertes Partnerschaftsmodell ist auch eine Frage der Bildung. Hauptschulabsolventen finden daran weniger Gefallen (75%) als Befragte mit Abitur oder Hochschulabschluss (85%).

Zukunftsprognose

Die Arbeitswelt der Zukunft wird weiblicher. Die Frauen kommen mit Macht und lösen ihre Ansprüche und Rechte ein. Die männlichen Helden der Arbeit verlieren ihre Privilegien. Die Luft für männliche Karrieren wird dünner. Ein Wegbrechen männlich dominierter Berufszweige und Führungspositionen wird Normalität. Fast das gesamte Personal an Grundschulen wird weiblich. Und immer mehr Frauen fangen an, mehr zu verdienen als ihre männlichen Kollegen.

Kinderbetreuung und Karriere gleichermaßen bejahen – das wird zur Frauen- und Männersache

Die Vereinbarkeit von Beruf und Familie wird zur ökonomischen und sozialen Herausforderung für Unternehmen – von der Einrichtung von Firmenkindergärten bis zu finanziellen Zuschüssen für die Kinderbetreuung. Ein Umdenken in der Arbeitnehmerschaft hat längst begonnen. 2025 werden 84 Prozent der Deutschen die Vereinbarkeit in der Firma einfordern und 2035 werden es etwa 85 Prozent und 2045 um die 86 Prozent sein. Jenseits von Büros und Betriebstoren leisten auch Männer zeitweilig Kinderbetreuung zu Hause. Die räumliche Nähe der Arbeitsstelle zur Wohnung wird dabei immer wichtiger. Ständige Erreichbarkeit wird aber immer häufiger als Belastung empfunden.

Als Konsequenz daraus ergibt sich die „Notwendigkeit einer werteorientierten Personalpolitik" (Opaschowski 2002, S. 43). Dazu gehört die Respektierung eines Lebensstils, in dem Berufs- und Privatleben gleichgewichtig nebeneinander stehen. Die Bereitschaft, das Familienleben den betrieblichen Interessen „unterzuordnen", kann nicht mehr länger vorausgesetzt werden. Die Beschäftigten von morgen nehmen zunehmend Abschied von der ständigen Improvisation spontaner „Zwischenlösungen", bei denen Großeltern, befreundete Eltern, Nachbarn und Verwandte ‚angerufen' und um Hilfe in der Not gebeten werden müssen. Dies gilt nicht nur für Alltagsregelungen. Wenn beispielsweise in den Sommerferien keine Ganztagsbetreuung gewährleistet ist, kann das im Einzelfall bedeuten: Zwei Wochen Betreuung durch die Großeltern, eine Woche Kinderfreizeit mit Übernachtung, eine Woche Hort und zwei Wochen gemeinsamer Urlaub. So werden Ferienzeiten zu Engpasszeiten. Berufstätige Eltern sind in Zukunft nicht mehr zu dieser Stress-Rallye bereit. Wenn Unternehmen keine zeitlichen Spielräume für Kinderbetreuung garantieren können, müssen sie sich regelrecht ‚freikaufen', also z. B. vorsorglich Belegrechte für Kindertagesstätten erwerben. Nur so können sie in Zukunft ihre Fach- und Führungskräfte behalten.

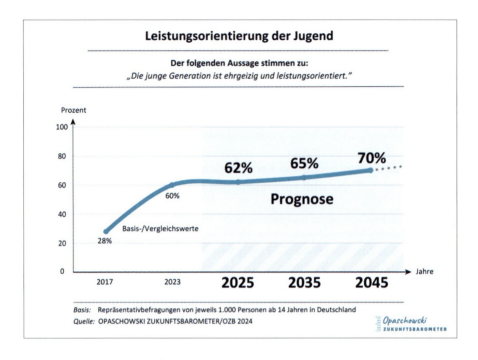

Datenanalyse

Klagen, Urteile und Vorurteile über die Jugend ziehen sich durch die gesamte Menschheitsgeschichte. Auch in Zukunft stellt sich die Frage: Ist die Jugend weniger leistungsfähig? Verliert sie die Lust an der Leistung? Ganz im Gegenteil: Die Mehrheit der Bevölkerung in Deutschland hält die heutige Jugend für „ehrgeizig und leistungsorientiert" – mit wachsender Tendenz. Diese positive Einschätzung über die Leistungsorientierung der Jugend hat sich in den letzten Jahren von 28 Prozent (2017) auf 60 Prozent (2023) mehr als verdoppelt. Frauen (61%) wie Männer (59%) teilen diese Ansicht gleichermaßen, Westdeutsche etwas mehr (61%) als Ostdeutsche (54%). Starker Leistungswille und Ehrgeiz gehören zum Leben und Überleben in wirtschaftlich unsicheren Zeiten. Insbesondere Haushalte mit Kindern (74%) betonen die Leistungsfähigkeit der Jugend. Jüngere (79%), Gebildete (68%) und Besserverdienende (65%) schätzen die Leistungslust der Jugend am höchsten, die ältere 50plus-Generation dagegen am geringsten (50%) ein. Als Kriegs- und Nachkriegsgeneration meldet sie erhebliche Vorbehalte an, weil sie offensichtlich hohe, vielleicht zu hohe Leistungsmaßstäbe an die nachkommende Generation legt.

Zukunftsprognose

Noch nie hat es eine Generation gegeben, die mit so viel Zeit und Bildung aufgewachsen ist. Im Zug des Struktur- und Wertewandels zeichnet sich bei der kommenden Generation eine veränderte Balance materieller und immaterieller Wertorientierungen ab. Die Jugend möchte schon viel arbeiten und leisten, aber andererseits auch nicht auf die Zeit und Freude am Leben verzichten. Ein Ausverkauf der Leistungslust findet nicht statt. Leistung hat Zukunft. Eine Bedeutungserweiterung, nicht eine Bedeutungseinbuße ist zu erwarten. Von einer Erosion der Leistungsorientierung kann bei der kommenden Generation keine Rede sein.

Leistung hat Zukunft, weil sie Glück und Erfüllung im Tun ist

Eine neue Leistungskultur zeichnet sich bei der nächsten Generation in Konturen ab. Die Leistungsdiskussion, die sich jahrzehntelang nur im ökonomischen Fahrwasser bewegte, wird den kommenden Generationen um soziale, kreative und ökologische Dimensionen erweitert. Eine neue Qualität von (Arbeits-)Leistungen lässt sich nicht mehr nur an der Höhe des Einkommens messen. Gefragt sind eher zentrale Identifikationsbereiche mit mehr unternehmerischem Spielraum am Arbeitsplatz. Der Typus eines neuen Selbständigen am Arbeitsplatz entwickelt sich. Abhängig Beschäftigte werden in Zukunft nicht mehr Leitbild sein. Arbeitnehmer werden zu Unternehmern am Arbeitsplatz. Im Jahr 2025 gelten aus der Sicht der Bevölkerung fast zwei Drittel (62%) der jungen Generation als „ehrgeizig und leistungsorientiert", 2035 werden es 65 Prozent und 2045 70 Prozent sein. Mit dem Wandel vom abhängig Beschäftigten zum Unternehmer am Arbeitsplatz sterben Fleiß, Ehrgeiz und Leistung nicht aus. Persönlichkeitsmerkmale werden so wichtig wie Fachkompetenzen. Ein Ausverkauf der Leistungslust findet nicht statt.

Die Leistungskultur von morgen muss aber ihre Probe auf die Menschlichkeit erst noch bestehen, indem sie auch die zu ihrem Recht kommen lässt, die es selbst nicht fordern können. Hinter manchem vermeintlichen Mangel an Leistungsmotivation verbirgt sich nicht selten ein Mangel an Anerkennung. Auch ein Rückgang der Leistungsbereitschaft ist zu erwarten, wenn die Anforderungen von der Sinnfrage abgekoppelt werden und die Frage „Leistung – wofür?" unbeantwortet bleibt. Die Bezeichnung „Generation Sandsack" kommt doch nicht von ungefähr. Viele Jugendliche sind z. B. bei Hochwasser und Flutkatastrophen sofort zur Stelle, wenn man sie braucht. Leistung bleibt als Lebensprinzip im privaten und beruflichen Bereich erhalten.

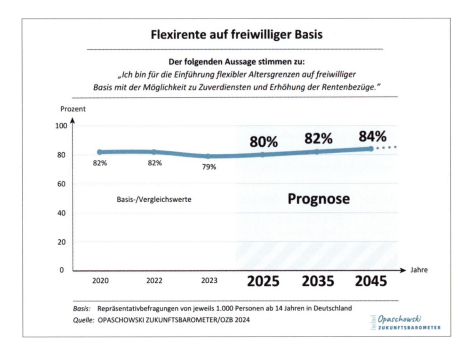

Datenanalyse

Die Deutschen gehen immer später in Rente. Und sie wollen mehrheitlich auch keinen starren Renteneintritt mehr. Die scharfe Trennung zwischen Arbeitsleben und Ruhestand soll sich überleben – zumindest auf den ersten Blick: Die Arbeitnehmerschaft freut sich zwar auf einen frühen Ruhestand, sorgt sich aber um den Verlust ihres gewohnten Lebensstandards. So schwanken sie in ihrer Zustimmung zwischen 82 Prozent (2020) und 79 Prozent (2023) – je nach Konjunkturstimmung und arbeitspolitischer Diskussion in Deutschland. Zwischen den Geschlechtern besteht weitgehende Übereinstimmung (Frauen: 80% – Männer: 82%). Und zwischen Großstädten (76%) und Bewohnern im ländlichen Raum (91%) liegen geradezu Welten. Die Flexirente hat für Landbewohner eine viel größere Lebensbedeutung, vor allem in der Landwirtschaft. Die Begründung dafür lautet: „Ich bin für die Einführung flexibler Altersgrenzen auf freiwilliger Basis mit der Möglichkeit zu Zuverdiensten und Erhöhung der Rentenbezüge." Bewohner auf dem Land beanspruchen mehr individuellen Gestaltungsspielraum, weil sie nicht selten lebenslang aktiv sind – mit oder ohne Bezahlung.

Zukunftsprognose

Vor einem Jahrzehnt hatte das Bundesarbeitsministerium die Tür zur Flexirente weit aufgestoßen: „Wir wollen dafür sorgen, dass bei der Rente Zahlen wie 63, 65 oder 67 unwichtiger werden." Das Ziel der damaligen Bundesarbeitsministerin Andrea Nahles war: Jeder sollte – gemäß der individuellen Leistungsfähigkeit – „gleitend in Rente gehen können" (09. März 2014). Dafür aber sind flexiblere gesetzliche Regeln sowie neue Initiativen der Tarifparteien nötig. Das Anliegen zur Einführung der Flexirente ist klar: Arbeitnehmer sollen so lange arbeiten, wie sie physisch und psychisch dazu in der Lage sind und das auch wollen.

„Successful aging":
Die Menschen sind im Alter länger fit

Immer mehr Beschäftigte wollen im Alter auf freiwilliger Basis arbeiten – mal mehr, mal weniger. 2025 können es 80, 2035 etwa 82 und 2045 84 Prozent sein. „Flexirente" heißt natürlich, dass nach den Wünschen der Beschäftigten das Selbstbestimmungsprinzip und nicht die gesetzliche Verordnung zum Zuge kommen soll. Ein Job. Eine Familie. Ein Ehrenamt: Das werden die Leitlinien für „successful aging" in den nächsten zwanzig Jahren sein. Ein langes Leben mit immer neuen Anfängen wartet auf die nächsten Generationen. Freiwillig können das fast alle leisten, auch körperlich anstrengende Berufe wie Krankenschwestern, Altenpfleger, Bauarbeiter oder Dachdecker. Eine langlebige Generation im Unruhestand lässt sich nicht mehr wie einen alten Hochofen einfach stilllegen.

Die griechische Mythologie von der Trias des Lebens (Ausbildung/Beruf/Ruhestand) überlebt sich. Die Generation 65plus fühlt sich mehrheitlich fit und gesund und will nicht länger „von Amts wegen" zum beruflichen Stillstand gezwungen werden – ein Gedanke, der vom Autor erstmals 1974 als „abgestufte Pensionierungszeit mit eigenverantwortlichen Wahlmöglichkeiten und flexibler Altersgrenze" (Opaschowski 1974, S. 32) vorgeschlagen wurde. Im Übrigen lässt inzwischen die gesetzliche Lage durchaus individuelle Lösungen einer Flexirente zu. Der Verband Deutscher Rentenversicherungsträger bestätigt die Legalität flexibler Ruhestandsregelungen: Wer freiwillig früher in den Ruhestand geht, gibt sich mit Abschlägen bei der Rente zufrieden (minus 3,6 Prozent weniger Rente für jedes Jahr). Folgerichtig gibt es bei freiwillig gewählter längerer Lebensarbeitszeit auch Zuschläge (plus 6 Prozent mehr Rente für jedes Jahr Mehrarbeit). Der Traum vom verdienten Lebensabend muss neu bestimmt werden.

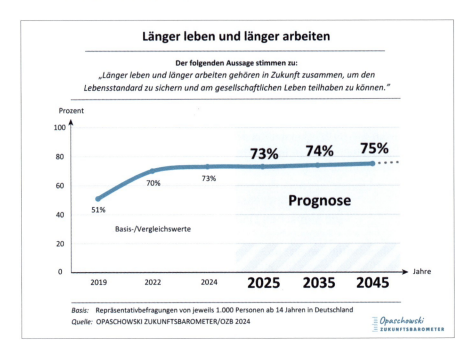

Datenanalyse

Die Deutschen sind Romantiker und Realisten zugleich. Sie träumen von einem langen Leben und rechnen zugleich realistisch mit einer Verlängerung ihrer Lebensarbeitszeit. Beides gehört für sie in Zukunft zusammen, „um den Lebensstandard zu sichern und am gesellschaftlichen Leben teilnehmen zu können". In den letzten Jahren hat die Zustimmung hierfür sprunghaft in der Bevölkerung zugenommen: Von 51 Prozent (2019) auf 70 Prozent (2022) und 73 Prozent im Jahr 2024. Gemeinsam ist allen Bevölkerungsgruppen, dass sie positiv auf die Zunahme der Lebenserwartung und gleichzeitig gelassen auf die Verlängerung der Lebensarbeitszeit reagieren. Allerdings können sich im Unterschied zu den Westdeutschen (76%) deutlich weniger Ostdeutsche (63%) mit einer solchen Zukunftsperspektive anfreunden. Bemerkenswert sind auch die geschlechtsspezifischen Unterschiede: Die Offenheit der Frauen (77%) und die merkliche Zurückhaltung der Männer (70%). Nicht überraschend ist zudem die Tatsache, dass die junge Generation im Alter von 14 bis 24 Jahren etwas geringere Zustimmungswerte (70%) aufweist als die 50plus-Generation (74%). Konturen für neue Arbeitszeitmodelle der Zukunft zeichnen sich ab.

Zukunftsprognose

Die langlebigste Gesellschaft aller Zeiten kommt auf Deutschland zu. Wie nie zuvor können die Deutschen mit einem langen Leben ‚rechnen'. Also lohnt es sich für sie auch, dafür länger zu arbeiten, um ihren Lebensstandard zu sichern. Denn viele Bundesbürger werden sich Sorgen um ihre finanzielle Absicherung im Alter machen. Eine Verlängerung der Lebensarbeitszeit kann ihre finanziellen Nöte im Alter ausgleichen. Die Bereitschaft hierfür stieg in den letzten Jahren von 51 Prozent Zustimmung im Vorkrisenjahr 2019 auf 73 Prozent im Jahr 2024.

Länger leben wollen und länger arbeiten wollen gehören in Zukunft zusammen

Rund drei Viertel der Bevölkerung werden in den nächsten zwanzig Jahren mit der Spannung von „Wollen" und „Müssen" leben. 2025 werden etwa 73 Prozent der Bevölkerung einer Verlängerung der Lebensarbeitszeit zustimmen. Auch 2035 (74%) und 2045 (75%) werden drei von vier Deutschen für dieses Zeitmodell votieren. Doch genauso wichtig wie der Zuverdienst werden der Erhalt und Gewinn an sozialer Lebensqualität im hohen Alter sein. Die Lebensarbeitszeitverlängerung wirkt wie ein Lebenselixier und vermittelt das Gefühl, weiter wichtig zu sein und gesellschaftlich gebraucht zu werden.

Dafür wird eine neue Politik der Lebensalter erforderlich. Über eine eindeutige oder allgemein gültige Definition des Begriffs „Alter" muss neu nachgedacht werden. Ist man im Jahr 2045 mit 63, 67 oder 70 Jahren alt? Die Wissenschaft hat die Politik bei dieser Frage bisher weitgehend alleingelassen. So müssen sich die Menschen selbst helfen und das gefühlte Alter wichtiger als das biologische Alter finden. Es ist absehbar: Viele Menschen werden in Zukunft nicht nur länger arbeiten, sondern auch Hilfeleistungen anbieten und beanspruchen. Weil sie selbstbestimmt leben wollen, wird es mehr Generationenhäuser und ambulante Dienste als Alters- und Pflegeheime geben. Die Menschen werden mehr als bisher auf familiäre und nachbarschaftliche Unterstützung im Nahmilieu angewiesen sein. Das Gesicht Deutschlands wird in Zukunft geprägt sein von Singles und Senioren, Baugemeinschaften und Mehrgenerationenhäusern sowie Helferbörsen im Stadtteil. Die radikale Trennung von Arbeiten, Wohnen und Erholen wird tendenziell wieder aufgehoben. Viele Tante-Emma-Läden kehren in die Wohnquartiere zurück, weil sich das Einkaufsverhalten in der älter werdenden Gesellschaft verändert und die Menschen mehr in Wohnungsnähe als auf der grünen Wiese einkaufen wollen.

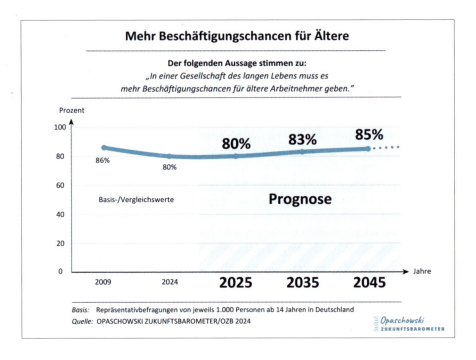

Datenanalyse

Das Ruhestandsmodell früherer Jahrzehnte überlebt sich. Höhere Bildung, bessere Gesundheit sowie ein vielfältigeres Interessenspektrum verlangen nach mehr Aktivität und Beschäftigung jenseits von 65, 67 oder 70 Jahren. Acht von zehn Deutschen (80%) erheben die Forderung: „In einer Gesellschaft des langen Lebens muss es mehr Beschäftigungschancen für ältere Arbeitnehmer geben". Bereits im Alter von 30 bis 39 Jahren wird die Einlösung dieser Forderung besonders dringlich angemahnt (85%), während sich die 18- bis 24-Jährigen deutlich weniger dafür engagieren (73%). Der Wunsch nach mehr Beschäftigungschancen im Alter wird nicht prioritär von Geldnot ausgelöst. Es geht mehr um das Gebraucht- und Gefordertsein auch im höheren Alter. Die Geringverdiener unter 1.500 Euro Monatseinkommen sind weniger daran interessiert (74%) als die Bestverdiener mit einem Haushaltsnettoeinkommen von über 2.500 Euro. Gebraucht werden ist für sie so wertvoll wie eine Anlage von Geld. Die Beschäftigungschance im Alter wird subjektiv wie der Eintritt in die Welt einer neuen Freiheit erlebt: Leben ist die Lust zu schaffen!

Zukunftsprognose

Der Sozialstaat steht vor einer großen Belastungsprobe. Wenn die heute über 40-Jährigen im Jahr 2045 in Rente gehen, wird ein großer Teil ihrer Beitragszahlungen längst „verausgabt" sein. Die derzeit schon stark dezimierte jüngere Generation wird den hohen Anstieg der Soziallasten nicht problemlos schultern und bezahlen können.

Immer mehr Rentner müssen 2045 einer Beschäftigung nachgehen oder „unter" ihren Verhältnissen leben

So sehr die Menschen in Zukunft ihre hohe Lebenserwartung zu schätzen wissen, so sehr sorgen sie sich auch um ihre finanzielle Absicherung. Hiervon besonders betroffen sind Selbständige und Freiberufler, die keiner Sozialversicherungspflicht unterliegen. Ein langes Leben muss man sich auch leisten können. „Meine Altersversorgung ist die Arbeit" reicht für viele als Zukunftssicherung nicht mehr aus.

Aus der Sicht der Bevölkerung sind mehr Beschäftigungschancen für Ältere das neue „Muss" für Wirtschaft und Politik. 2025 fordern nach wie vor 80 Prozent der Deutschen ein Beschäftigungs-Chancen-Programm für Ältere, 2035 werden es 83 Prozent und 2045 etwa 85 Prozent sein. Gewerkschaften und Arbeitgeber sind hier besonders gefordert. Und auch eine staatliche Förderung von Beschäftigungsprogrammen für Ältere wird immer wichtiger. Andererseits müssen Unternehmen nicht bis 2045 auf gesetzliche Maßnahmen warten. Sie werden selbst initiativ werden müssen. Wirtschaft und Politik sollten daher an einem Strang ziehen und eine gemeinsame Kampagne 60plus ins Leben rufen. Vom verdienten Lebensabend träumen kann dann für Rentner zweierlei bedeuten: Sich den Ruhestand verdient zu haben UND im Ruhestand durch weitere Beschäftigungen „hinzuverdienen" können. Ein solcher „Verdienst" wird als materieller und mentaler Gewinn empfunden.

Das norwegische Modell kann für Deutschland zukunftsweisend werden: Das Land bietet den Beschäftigten für das Renteneintrittsalter ein flexibles Zeitfenster zwischen 62 und 75 Jahren an. Auch im Alter beschäftigt sein und gebraucht werden kann das neue „Carpe diem" des 21. Jahrhunderts werden. Auf diese Weise können alle in ihrem persönlichen Leben mehr ‚auf Nummer Sicher gehen' und zugleich gesellschaftlich aktiv und wichtig bleiben. Die Karten des Lebens werden neu gemischt. Die offizielle Altersgrenze steht bald nur noch auf dem Papier. Eine fast alterslose Gesellschaft kommt auf Deutschland zu, in der die Menschen das lange Leben als Chance und Aufgabe begreifen.

III. WIRTSCHAFT. WOHLSTAND. KONSUM

Herausforderungen & Chancen

C. DAS OPASCHOWSKI ZUKUNFTSBAROMETER

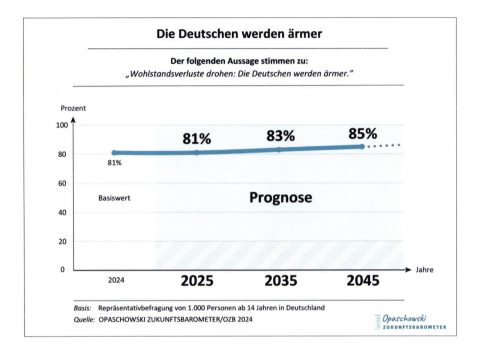

Datenanalyse

Die drohende Armut zählt neben Wohnungsnot und Klimakrise zu den größten Zukunftssorgen der Deutschen. 81 Prozent der Bevölkerung befürchten für die Zukunft: „Wohlstandsverluste drohen. Die Deutschen werden ärmer." Westdeutsche ängstigen sich davor in gleicher Weise wie Ostdeutsche (je 81%). Zwei Bevölkerungsgruppen fühlen sich besonders betroffen: Die Ein-Personen-Haushalte (87%) und die Geringverdiener unter 1.500 Euro Haushaltsnettoeinkommen (87%). Die künftige Gesellschaft des langen Lebens lässt vor allem die Zahl der Singlehaushalte weiter anwachsen, die gewollt oder ungewollt allein in einem eigenen Haushalt leben und bei Armutssorgen auf Angehörige oder auf staatliche Hilfen angewiesen sind. Hingegen sorgen sich Familien deutlich weniger (77%) und Jugendliche im Alter von 14 bis 24 Jahren noch weniger (72%). Zu den Problemgruppen, die unter Wohlstandsverlusten zu leiden haben, gehören auch Großstädter (85%) und Hauptschulabsolventen (86%). Viele können sich ihres Wohlstands nicht mehr sicher sein, fühlen sich arm oder im Nahbereich der Armutsgrenze. Sie haben Angst, in naher Zukunft „abgehängt" zu werden.

Zukunftsprognose

Die Erweiterung des politischen Blickfeldes auf veränderte Wohlstandslagen in Deutschland wird immer dringender. Mittlerweile bangt selbst die Mittelschicht, die Urlaubs-Haus-Auto-Gruppe, ihr Wohlstandsoptimum zu verlieren. Die Grenzen zwischen realen Preissteigerungen und gefühlter Inflation werden immer fließender. Die Inflationsrate in Deutschland ist im europäischen Vergleich eher stabil und trotzdem wächst subjektiv die Angst der Deutschen, dass ihr Geld immer weniger wert ist. Die leidvoll erfahrene (Ur-)Angst vor Geldentwertung („Währungsreform") wirkt nach. Selbst Besserverdienende bekommen Angst vor dem Absturz ins Mittelmaß.

Die fetten Jahre sind vorbei.
Das Schlaraffenland ist abgebrannt

Endet das Ludwig Erhard'sche Wohlstandsversprechen „Wohlstand für alle" bald in einer Wohlstandsillusion?

Politik und Wirtschaft in Deutschland stehen vor neuen Herausforderungen. Sie werden mit einem wachsenden Unzufriedenheitsdilemma der Bevölkerung konfrontiert. Objektiv geht es den meisten gut, subjektiv fühlen sie sich aber immer schlechter. Für die nächsten zwanzig Jahre ist zu befürchten, dass das Lager der gefühlten Wohlstandsverlierer größer wird – von 81 Prozent im Jahr 2025 auf 83 Prozent im Jahr 2035 und 85 Prozent im Jahr 2045. Die Grenzen zwischen Noch-Wohlstand und Noch-nicht-Armut verschieben sich. Wenn mehr als acht von zehn Befragten das Urteil fällen „Die Deutschen werden ärmer", wird die Zeitenwende zur Wohlstandswende. Die Angst vor einer ungesicherten Zukunft wird weiter wachsen.

Den Lebensstandard erhalten! Das wird der ganz persönliche Wunsch der Menschen in den nächsten Jahren sein. Andernfalls droht die Angst vor dem sozialen Absturz mehrheitsfähig zu werden. Und die Stimmungen der Menschen können sich in Stimmen bei politischen Wahlen niederschlagen – von der Politikverdrossenheit über Protestwahlen bis zu Wahlenthaltungen. Wenn sich Armutsängste ausbreiten und ein Rentenniveau zur Erhaltung des Lebensstandards nicht mehr garantiert werden kann, dann entstehen Lebensverhältnisse zwischen Perspektivlosigkeit und Zukunftsangst. Auf diese Weise bedeutet Fortschritt nicht Fortschreiten, sondern Auf-der-Stelle-Treten. In einem solchen Null-Szenario können sich Anspruchsmentalität immer weniger leisten. Armutskarrieren drohen. Und kommende Generationen laufen Gefahr, für immer auf der Strecke zu bleiben.

C. DAS OPASCHOWSKI ZUKUNFTSBAROMETER

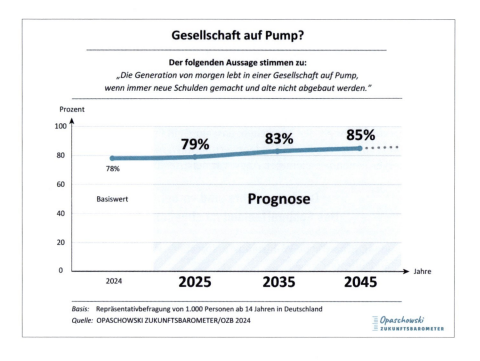

Datenanalyse

2009 wurde die Schuldenbremse im Grundgesetz verankert. Sie sollte die Staatsverschuldung Deutschlands begrenzen. Doch genau das Gegenteil zeichnet sich als Zukunftsproblem ab: der größte Schuldenberg der Nachkriegszeit. Über drei Viertel der Bevölkerung (78%) kritisieren mittlerweile den Staat massiv: „Die Generation von morgen lebt in einer Gesellschaft auf Pump, wenn immer neue Schulden gemacht und alte nicht abgebaut werden." Und mit jeder älteren Generation wird die Kritik heftiger. 82 Prozent der 50plus-Generation, 85 Prozent der 65plus-Generation und 91 Prozent der 80plus-Generation haben ein schlechtes Gewissen, dass sie den nachkommenden Generationen nur Schulden hinterlassen. Sie fühlen sich mitverantwortlich für eine mögliche Gesellschaft auf Pump. Auch die Bevölkerung im ländlichen Raum macht sich große Zukunftssorgen (84%). Zudem überrascht es schon, dass die eigentlich betroffene junge Generation der 14- bis 24-Jährigen das Schuldenmachen am wenigsten belastet (64%), obwohl sich die Verschuldung Deutschlands seit den fünfziger Jahren vervielfacht hat. Der Schuldenberg von heute kann zur Schuldenkrise von morgen werden. Und die Schulden von heute werden zu den Steuern von morgen.

Zukunftsprognose

Macht sich in Zukunft eine fast (un-)heimliche Gesellschaft auf Pump in Deutschland breit? „Sondervermögen", die zur Erfüllung „besonderer" Herausforderungen bestimmt sind, täuschen über den wahren Schuldencharakter hinweg. Nebenhaushalte, Extrahaushalte und Schattenhaushalte werden getrennt vom Bundeshaushalt verwaltet. Eine solche im Haushaltsrecht vorgesehene Möglichkeit droht sich in Zukunft zu verselbständigen. Kippt dann der Sozialstaat, weil die Schuldenstandsquote nicht mehr abgebaut wird oder nicht mehr abgebaut werden kann? Auch in guten Zeiten macht Deutschland weiter Schulden und zahlt nicht etwa Schulden zurück. Kein „ehrbarer Kaufmann" könnte so wirtschaften und überleben.

„Wir schwimmen nicht in Geld, wir ertrinken allenfalls in Schulden"
(ehem. Bundesfinanzminister Wolfgang Schäuble am 24. November 2010)

Wer Schulden macht, macht sich schuldig. Das ist die Ursprungsbedeutung des mittelhochdeutschen Wortes „Schuld". Daraus folgt: Von jeder Gegenwartsgeneration wird erwartet, dass sie der nachfolgenden Generation nichts schuldig bleibt. Nichts deutet derzeit auf ein radikales Umdenken hin. Die Vision einer Gesellschaft auf Pump wird 2025 für 79 Prozent der Bevölkerung lebendig sein und 2035 auf 83 Prozent und 2045 auf 85 Prozent anwachsen. Für diese Prognose spricht das bisherige Verhalten der Politik. Beispielsweise hatte das Bundesfinanzministerium in den Jahren 2006 bis 2008 in Deutschland 100 Millionen Euro mehr Steuereinnahmen erzielt als errechnet oder prognostiziert. Statt Schulden abzubauen, wurde der unerwartete Steuersegen gleich wieder ausgegeben.

Wo bleibt die Generationengerechtigkeit? Um es provokant als Prognose auf den Punkt zu bringen: Wenn ein Staat systematisch über seine Verhältnisse lebt, dann droht aus der Staatsverschuldung ein Schuldenstaat zu werden, der unverantwortlich zugunsten der Lebenden und zu Lasten der Nachgeborenen handelt. Eine solche Wirtschaftsentwicklung ist weder ausbalanciert noch nachhaltig. Die soziale Stabilität des Generationenvertrags steht auf dem Spiel. Kommunen rutschen in die roten Zahlen. Die Folgen sind marode Straßen und Sportanlagen. Eine neue Form der Wohlstandsverwahrlosung droht. Das Zusammenleben in Städten und Gemeinden wird kälter.

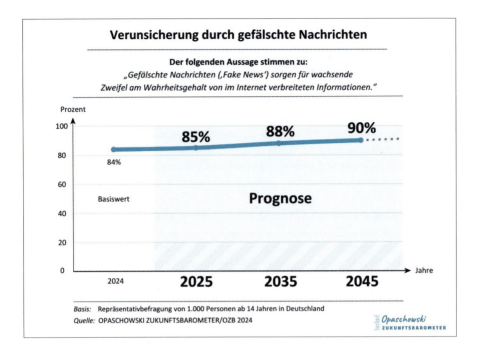

Datenanalyse

„Desinformation" breitet sich in der Informationsgesellschaft aus. Die Ära des Internetoptimismus geht zu Ende. Es gibt kaum einen Lebensbereich in Deutschland, der in der Mehrheitsgesellschaft so viele einheitliche Zweifel auslöst wie die Verbreitung von Fake News im Internet. Bei 84 Prozent der Deutschen gibt es „wachsende Zweifel am Wahrheitsgehalt von im Internet verbreiteten Informationen". Die Verunsicherung über „gefälschte Nachrichten" (Fake News) ist bei den Ostdeutschen genauso groß wie bei den Westdeutschen (je 83%). Frauen (83%) wie Männer (84%) üben in vergleichbarer Weise Kritik. Und auch Bildungsunterschiede sind kaum feststellbar. Hauptschulabsolventen verlieren das Vertrauen in die Informationssicherheit ebenso (83%) wie Befragte mit Gymnasial- oder Hochschulabschluss (84%). Nur eine einzige Bevölkerungsgruppe reagiert weniger verärgert (76%). Es sind die Millennials, die um die Jahrtausendwende Geborenen im Alter von 20 bis 24 Jahren. Sie sind mit der digitalen Revolution aufgewachsen und haben mit Risiken und Chancen zu leben gelernt. Vertrauen und Sicherheit werden die großen Herausforderungen im Internetzeitalter sein.

Zukunftsprognose

Start-up in die Zukunft. Die IT-Ära hat längst begonnen. Und KI wird zur Schlüsseltechnologie des 21. Jahrhunderts. Doch Mensch und Gesellschaft, Wirtschaft und Wissenschaft zögern noch. Zu Recht! Zu viele Fragen an die Zukunft sind bisher unbeantwortet geblieben. Vor einem Vierteljahrhundert machte der Autor darauf aufmerksam, dass das Internet 1969 als ARPANet eine Erfindung des amerikanischen Verteidigungsministeriums war. Totale Kontrollen, politischer Missbrauch, Daten-Manipulationen und Cyberattacken waren von Anfang an Teil dieser technischen Innovation und Revolution. Als Prognose wurde 1999 vor „unkontrollierbaren Informationsströmen" gewarnt, auf die Konstruktion von „Persönlichkeitsprofilen" hingewiesen, auf die „Durchleuchtung" der persönlichen Daten sowie auf den „politischen Missbrauch" von Wähler-Profilen aufmerksam gemacht (vgl. Opaschowski-Prognose 1999: „Generation @").

Das Internet ist vom Militär und nicht von der Sozialforschung erfunden worden. Missbrauch, Manipulation und Desinformation werden sich in Zukunft weiter ausbreiten

Die Fake-News-Welle hat gerade erst begonnen. KI kann Gesichter und Stimmen imitieren, Texte, Bilder und Töne kombinieren. 85 Prozent der Bevölkerung werden 2025 den „Nachrichten" immer weniger vertrauen, 2035 können es 88 Prozent und 2045 90 Prozent sein. Das kann demokratiegefährdend werden. Zukunftsängste resultieren oft aus Nicht-Wissen. Frühzeitige Prävention und Aufklärung sowie systematischer KI- und IT-Unterricht werden den Kampf gegen ‚Fake News rund um die Uhr' aufnehmen müssen, sonst drohen digitale Spaltungen im Land. Unsere Gesellschaft ist bisher nicht angemessen auf Desinformationen und Manipulationen, Cyberattacken und Hasstiraden vorbereitet. Geradezu hilflos und ohnmächtig erscheinen die öffentlichen Reaktionen auf Beleidigungen, Verleumdungen und Volksverhetzungen, Lügenkampagnen und Roboteranrufe. Und auch die für Werte und Transparenz zuständige EU-Kommission sieht zwar die Demokratie gefährdet (z. B. bei Wahlmanipulationen), kann sich aber nicht machtvoll zur Wehr setzen oder Sicherheitsgarantien einlösen. Sicherheit wird es nicht zum Nulltarif geben. Der Staat, insbesondere die Innenministerien sind hier gefordert, neue Bildungsinitiativen zu entwickeln und zu fördern. Zur Erhaltung der nationalen Sicherheitslage ist auch die Bereitstellung eines Sondervermögens vorstellbar, um Cyberangriffe und Desinformationskampagnen erfolgreich bekämpfen zu können. Eine Doppelstrategie – die Früherkennung gefälschter Nachrichten („Pre-bunking") und die Entlarvung gefälschter Informationen („De-bunking") – werden in Zukunft unverzichtbar sein.

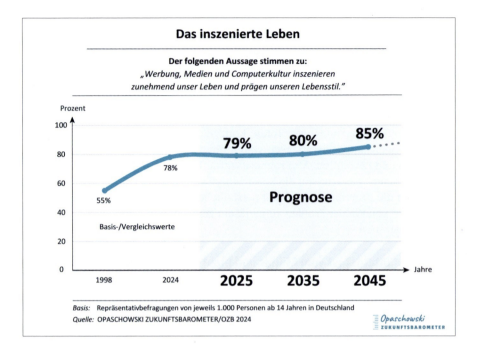

Datenanalyse

Trotz Krise, Krieg und Umweltkatastrophen lebt die Erlebnisgesellschaft in Deutschland weiter. Zu groß ist die Angst, im Leben etwas zu verpassen. Über drei Viertel der Bevölkerung (78%) sind davon überzeugt: „Werbung, Medien und Computerkultur inszenieren zunehmend unser Leben und prägen unseren Lebensstil." Die größten Kritiker von Inszenierung und Kommerzialisierung des Lebens sind die Selbständigen und Freiberufler (90%). Die junge Generation der 14- bis 24-Jährigen hingegen sieht die Erlebnisinflation in Deutschland weniger kritisch (71%). Auch Großstädter halten nicht so viel von massiver Kulturkritik (73%), während Bewohner im ländlichen Raum ihr Unbehagen deutlich mehr zum Ausdruck bringen (85%). Bildung und Einkommen führen hingegen bei der Einschätzung des eigenen Lebensstils nicht zu einer unterschiedlichen Sichtweise. Auch signifikante geschlechtsspezifische Unterschiede sind nicht erkennbar (Frauen: 78% – Männer 77%). Ostdeutsche (71%) und Westdeutsche (79%) Unterschiede bleiben allerdings erhalten. Die Erlebnisangebote werden subjektiv anders wahrgenommen, weil es auch objektiv noch keine Angleichung der Lebensverhältnisse in Ost und West gibt.

Zukunftsprognose

Als Aldous Huxley 1931 seinen Zukunftsroman „Brave New World" schrieb, war er davon überzeugt, dass wir bis zum 6. oder 7. Jahrhundert „nach Ford" noch viel Zeit hätten. Doch schon knapp drei Jahrzehnte später (1959) musste Huxley eingestehen: „Die Prophezeiungen von 1931 werden viel früher wahr". Das inszenierte Leben hatte längst begonnen. Tourismus, Medien, Sport, Kultur und Konsum gehen seither als Angebote fast inflationär in Serie. Sie sorgen dafür, dass die Menschen kaum mehr zur Ruhe kommen bzw. in Ruhe gelassen werden. In Zukunft wird die Erlebnisindustrie auch um die Zeit und nicht nur um das Geld der Verbraucher kämpfen.

Der Konkurrenzkampf der Erlebnisindustrie um das Zeitbudget wird immer härter: Zeit kaufen und verkaufen wird ein neuer Dienstleistungsmarkt

Zeit wird als Wirtschaftsfaktor immer wichtiger. Je mehr vermeintlich zeitsparende Angebote es in Zukunft gibt, umso mehr werden sich die Konsumenten unter Zeitdruck fühlen. Facebook, Instagram und TikTok agieren profitabel als moderne Zeitdiebe, die vor allem Kindern und Jugendlichen Zeit stehlen. 2025 werden 70 Prozent der Bevölkerung durch Werbung, Medien und Computerkultur ihren Lebensstil inszeniert bekommen. 2035 können es 80 und 2045 etwa 85 Prozent sein.

Das Überreizungssyndrom fordert seinen Tribut. Eine Konsumgesellschaft, deren Philosophie sich in der ständigen Reizsteigerung erschöpft („Hauptsache neu") fordert geradezu die Aggressivität der Konsumenten heraus, die sich nicht mehr anders gegen die Überforderung zu wehren wissen. So kann aus einem Konsumvergnügen eine Gefahrenquelle für andere werden. Auch Aggressionen im Straßenverkehr müssen vor diesem psychologischen Hintergrund gesehen werden. Denn vor allem Jugendliche haben zunehmend das Gefühl, dass ihnen die Zeit davonläuft. Und je vielfältiger die Konsumangebote sind, desto stärker wachsen auch ihre persönlichen Wünsche. Die Folge ist Erlebnisstress, der auch explosiv werden kann – vor lauter Angst, vielleicht etwas zu verpassen. Die Menschen laufen Gefahr, wie in einer Verpass-Kultur zu leben. Impuls- und Schnellkäufe via Online machen es möglich: Alles sofort – und das jetzt. Die Zeitfreiheit wird zur Zeitfalle und lässt Hast und Hektik eskalieren. Das Leben droht, aus dem Gleichgewicht zu geraten. Immer öfter stellt sich die Frage: Wie will ich eigentlich leben? Die Antwort für die Zukunft kann nur lauten: Wir müssen unsere Lebensweise verändern, die Selbstbestimmung zurückgewinnen und auch verzichtbereiter sein.

C. DAS OPASCHOWSKI ZUKUNFTSBAROMETER

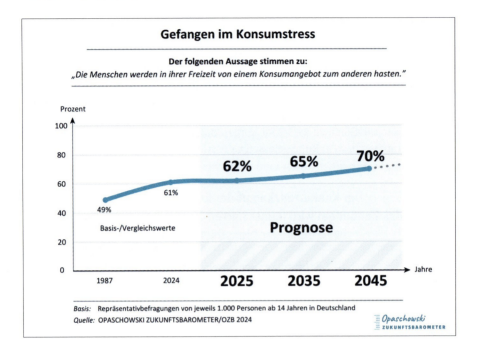

Datenanalyse

Seit den Wohlstandszeiten der achtziger Jahre leben erlebnishungrige Konsumenten nach der Devise „Mehr tun in gleicher Zeit". Fast jeder zweite Befragte (49%) vertrat 1987 die Auffassung: „Die Menschen werden in ihrer Freizeit von einem Konsumangebot zum anderen hasten." 2024 ist der Anteil der Bevölkerung, der unter selbst auferlegtem Zeitdruck konsumiert, auf 61 Prozent gestiegen. Fast zwei Drittel der Deutschen glauben, die Fülle und Vielfalt des Konsumangebots nur durch Hasten und Hektik bewältigen zu können. Besonders kritisch sehen Familien mit Kindern und Jugendlichen das stressige Konsumverhalten (65%). Es fehlt die Ruhe zum Genießen des Konsumangebots – bei Frauen (62%) ähnlich wie bei Männern (60%). Und Ostdeutsche (62%) beeilen sich beim Konsumieren fast genauso (60%) wie Westdeutsche (62%). Niemand will zu spät kommen oder etwas verpassen. Die größte Ruhe bewahren lediglich 14- bis 24-jährige Jugendliche (53%) und Singles (50%). Sie können mehr selbst entscheiden, ob sie ruhig oder rastlos ihren persönlichen Hobbies nachgehen.

Zukunftsprognose

Noch nie waren die Menschen einem solchen Angebotsstress ausgesetzt wie im 21. Jahrhundert. Ständige Aufforderungen in Werbung und Medien geben vielen Menschen das Gefühl, Zeit und Geld reichten bei weitem nicht mehr aus, sich alle ihre Wünsche erfüllen zu können. Zudem lassen subtile Konsumzwänge Materielles vorübergehend wichtiger erscheinen als Soziales. Die Folge ist Erlebnisstress, der auch explosiv werden kann. Am meisten betroffen werden in Zukunft Bevölkerungsgruppen sein, die beruflich und privat mitten im Leben stehen und Stressbedingungen am meisten ausgesetzt sind – voll Erwerbstätige sowie Familien mit Kindern und Jugendlichen.

Was passiert, wenn nichts passiert und die Menschen sich nicht ändern? Dann werden in den nächsten zehn bis zwanzig Jahren gut zwei Drittel der Deutschen Ruhe suchen, aber dennoch gestresst sein. 2025 werden 62 Prozent der Bevölkerung weiterhin von einem Konsumangebot zum anderen hasten. 2035 werden es 65 Prozent sein und 2045 etwa 70 Prozent. Die Konsum-Jagd droht zur Stress-Rallye zu werden. In Zukunft stellt sich weltweit die Sinnfrage auch auf der gesellschaftlichen Ebene neu, wenn mehr konsumiert als produziert wird, was zu Lasten der Entwicklungsländer geht. Die Schere zwischen Arm und Reich wird immer spürbarer. Wir können in Zukunft nur in Frieden leben, wenn es keine Inseln des Wohlstands in einem Meer der Armut gibt. Hier deutet sich für die nächsten Jahre eine „stille" Gefahr an, die bisher weitgehend durch die „laute" Umweltschutzbewegung verdeckt wurde. Unser gestresstes Konsumgebaren stößt an seine sozialen und moralischen Grenzen. Bedroht ist nicht das Leben, sondern sein Sinn.

Die konkrete Empfehlung kann für die Zukunft nur lauten:
Lieber einmal etwas verpassen als immer dabei sein

Im gleichen Maße, wie in Zukunft die Produktivität der Arbeit steigt, versuchen die Menschen, auch die Konsumzeit zu steigern und immer mehr in gleicher Zeit zu erleben. Konsumwünsche werden miteinander kombiniert – der Einkaufsbummel mit dem Knüpfen geschäftlicher Verbindungen, das Fernsehen mit dem Zeitunglesen oder die Urlaubsreise mit dem Erlernen neuer Sportarten. Auf diese Weise nimmt die Konsum-Produktivität zu, aber die freie Verfügbarkeit von Zeit ab. Viele umgeben sich mit einem dichten Dschungel von Konsumgütern und vergessen dabei oft, dass es Zeit erfordert, davon Gebrauch zu machen. Ein alter Menschheitstraum bleibt, wenn sich die Menschen nicht ändern, auch im Jahr 2045 unerfüllt: Mehr Zeit zum Leben!

C. DAS OPASCHOWSKI ZUKUNFTSBAROMETER

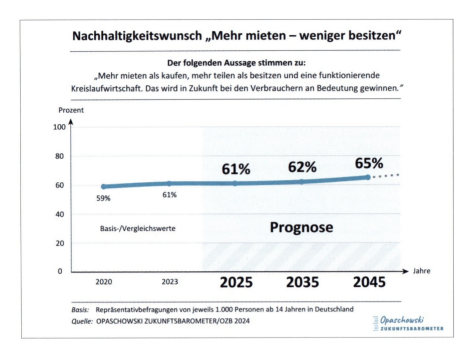

Datenanalyse

Nachhaltig leben ist in Deutschland als Wunsch in der Bevölkerung mehrheitsfähig geworden. Doch nur langsam und zögernd betreten die Verbraucher das Neuland der Nachhaltigkeit. 2020 waren es 59 Prozent, drei Jahre später 61 Prozent der Bevölkerung, die Nachhaltigkeitswünsche mit der Begründung äußerten: „Mehr mieten als kaufen, mehr teilen als besitzen und eine funktionierende Kreislaufwirtschaft: Das wird in Zukunft bei den Verbrauchern an Bedeutung gewinnen." Mit großem Abstand führen die 14- bis 24-jährigen Jugendlichen das Lager der Umweltbewussten an. Ressourcenschonend leben ist mehr ein Generationenthema als eine Bildungsfrage. Die 50plus-Generation kann sich dafür nicht übermäßig begeistern (59%). Und die Höhergebildeten mit Abitur und Hochschulabschluss erreichen auch nur Durchschnittswerte (61%). Mehr Bildung, Information und Aufklärung tragen offensichtlich nicht wesentlich zur Steigerung umweltbewussten Verhaltens bei. Die aktive Beteiligung der Jugend an der Fridays-for-future-Bewegung hat mehr bewegt und bewirkt als umweltpolitische Seminare in Schulen und Bildungsstätten.

Zukunftsprognose

Aus Verbrauchersicht bedeutet Nachhaltigkeit vor allem Langfristnutzung statt Abwrackprämie und: Gebrauchen statt Verbrauchen. Spätestens seit dem Club of Rome-Bericht über die Grenzen des Wachstums beherrscht die Nachhaltigkeitsfrage die gesellschaftliche Diskussion – von der Energiekrise in den siebziger Jahren über Tschernobyl 1986 bis zu Fukushima 2011 und den Klimaschutz-Demonstrationen der heutigen Zeit. Die Diskussion wird auch 2045 nicht beendet sein.

Pragmatismus statt Panik lautet die Empfehlung der Bevölkerung zur Lösung der Problematik. Ganz obenan steht die Einsicht, mit den natürlichen Ressourcen sparsamer umzugehen und das verschwenderische Verbrauchen durch das maßvolle Gebrauchen zu ersetzen. Gefragt sind umwelttechnologische Innovationen der Zukunft. Diese Art von Klimaschutz tut nicht weh und ist dennoch wirksam. Die Formel „small is beautiful" hat nichts von ihrer Faszination verloren. Und freiwillige Verzichte und Verbote müssen keine Drohungen sein, wenn sie zur Bereicherung des Lebens und der Lebensqualität beitragen.

Die nächste Generation wird in Zukunft Autos, Fahrräder, Surfbretter und Skiausrüstungen mehr mieten als kaufen wollen

Konsum nach Maß – mehr teilen als besitzen – wird als persönlicher Gewinn und nicht als materielle Einbuße oder Askese empfunden. Wohl gehört dazu eine freiwillige Selbstbegrenzung bei ökologisch kritischen Gütern und Dienstleistungen. Der Sachverständigenrat für Umweltfragen, der seit den sechziger Jahren des vorigen Jahrhunderts die Bundesregierung berät, nennt dies schlicht Genügsamkeit. Gemeint ist ein sparsamer Lebensstil sowie eine Kreislaufwirtschaft, die weniger Abfall entstehen lässt und den ökologischen Fußabdruck reduziert.

Die Zeiten sind vorbei, in denen jeder die ökologische Zeitbombe wie einen Wanderpokal einfach weiterreichen konnte. Die Zukunft gehört Ökobilanzen und ökologischen Buchführungen genauso wie psychologischen Anreizen für die Konsumenten. Nachhaltigkeit wird in den nächsten zwanzig Jahren aber nur dann eine breite Realisierungschance haben, wenn die Menschen auch bereit sind, nicht nur ihre Anschauungsweise, sondern auch ihre Lebensweise und eingefahrenen Lebensgewohnheiten verändern. Dann kann auf law-and-order-Denken verzichtet werden.

C. DAS OPASCHOWSKI ZUKUNFTSBAROMETER

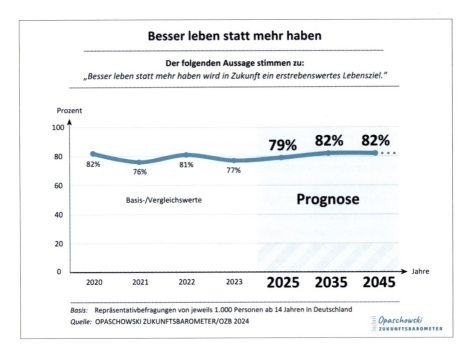

Datenanalyse

Die Zeitenwende kann auch eine Wende zum Besseren sein. Gerade in unsicheren Zeiten setzt ein neues Wohlstandsdenken in der Bevölkerung ein. Die Menschen beschäftigen sich zunehmend mit der Frage, was im Leben wirklich ist. Über drei Viertel der Bevölkerung (77%) erwarten für die Zukunft eine veränderte Lebensorientierung: „Besser leben statt mehr haben wird in Zukunft ein erstrebenswertes Lebensziel". Von einer solchen Genug-ist-genug-Mentalität sind die Ostdeutschen allerdings noch weit entfernt (66%) im Unterschied zu den Westdeutschen, von denen sich 80 Prozent einen Lebensstilwandel wünschen. Sie werden nur noch übertroffen von den Singles (83%), die sich relativ frei und unabhängig m Leben bewegen und auch mehr leisten können – materiell, mental und sozial. Ihre Frage lautet eher: Was kann ich mir sonst noch leisten? Ganz anders sind die 14- bis 24-jährigen Jugendlichen eingestellt. Von allen Bevölkerungsgruppen wünschen sie sich am wenigsten (72%) eine grundlegende Änderung ihres Konsumverhaltens. Sie sind mit ihrem Wohlstandsleben zufrieden, schaffen den Spagat zwischen Wunsch und Wirklichkeit und machen das Beste aus ihrem Leben.

Zukunftsprognose

Die Wohlstandsgesellschaft der letzten Jahrzehnte entlässt die nächste Generation in eine relativ unsichere Zukunft. Noch vor gut einem Jahrzehnt hatte der ehemalige Wirtschaftsweise und Ökonom Bert Rürup den Deutschen „fette Jahre" vorausgesagt und dem Land eine „glänzende Zukunft" versprochen (Rürup 2012). Ganz anders ist die Entwicklung verlaufen. Die Wohlstandswende ist in der Bevölkerung, auch in der Mittelschicht, angekommen. Der Traum vom Immer-Mehr ist weitgehend ausgeträumt.

Als Ausgangspunkt für die nächsten zwanzig Jahre gilt: Die fetten Jahre sind vorbei – das Schlaraffenland ist abgebrannt. Die Bevölkerung setzt neue Prioritäten des Lebens. 2025 werden etwa 79 Prozent der Deutschen besser leben wollen und den qualitativen Wohlstand als neuen Reichtum auch 2035 (82%) und 2045 (82%) behalten und verteidigen wollen. „Besser leben" soll zukunftsfest gemacht werden, weil dies auf Dauer mehr Lebenszufriedenheit garantiert.

Wachstum im 21. Jahrhundert bleibt erhalten, verlagert sich aber zusehends auf immaterielle Bereiche wie Gesundheit, soziale Sicherheit und persönliche Lebensqualität. Die nächste Generation wird lernen müssen, auch mit weniger materiellen Wohlstandssteigerungen und glücklich zu leben – inmitten starker Familien und Generationenbeziehungen, verlässlicher Freundeskreise und nachbarschaftlicher Netzwerke. Die Krisenzeit wird zur Chance für einen Neubeginn. Aus dem Nachdenken von heute kann ein Vorausdenken für morgen werden.

Zug um Zug breitet sich ein ganzheitliches Wohlstandsdenken aus. Einseitig quantitative Wachstumsversprechen greifen viel zu kurz. Die Konsumenten wollen Abschied nehmen von der Instantphilosophie des Marktes („Just do it"). Nicht wenige verstehen sich auch als Wertsucher. Sie spüren, dass sie auf Dauer nicht mehr so weiterleben können wie bisher. Die Konsumfrage muss auch zur Sinnfrage werden.

Ein Wandel vom Waren-Wohlstand zum wahren Wohlstand zeichnet sich ab: Wichtig wird, was das Leben lebenswert macht

Nach der Bestzeit der vergangenen Jahrzehnte kündigt sich eine neue Bescheidenheit zwischen Genügsamkeit und Sparsamkeit an. Objektiv gesehen werden viele ärmer, aber subjektiv nicht unbedingt unglücklicher, weil sich ihr Wohlstandsdenken verändert. Wohlstand wird für sie immer mehr zu einer Frage des persönlichen und sozialen Wohlergehens. Im Einzelfall kann Wohlstand in Zukunft auch bedeuten, weniger Güter zu besitzen und doch besser zu leben.

IV. WOHNEN. ENERGIE. TECHNIK

Herausforderungen & Chancen

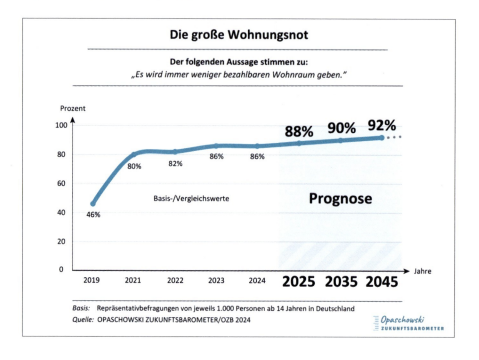

Datenanalyse

Beim Gedanken an die eigene Zukunft ist die Wohnungsnot zur größten Sorge der Deutschen geworden. Die Zukunftsperspektive „Es wird immer weniger bezahlbaren Wohnraum geben" belastet 86 Prozent der Bevölkerung in Deutschland. Die Bundesbürger fühlen sich doppelt betroffen. Zum strukturellen Mangel an Wohnraum kommt das persönliche Problem der Unbezahlbarkeit hinzu. 91 Prozent der Alleinstehenden, insbesondere der Geschiedenen, Verwitweten und Getrenntlebenden klagen darüber. Am meisten betroffen fühlen sich die Bewohner im ländlichen Raum. 95 Prozent der Landbewohner macht der Mangel an geeignetem Wohnraum, der auch finanzierbar ist, besonders zu schaffen. Für sie ist mitunter der Wohnraummangel ein größeres Problem als Defizite in der Nahversorgung. Dieses Befragungsergebnis überrascht, denn in der TV-Berichterstattung dominieren Bilder vom Schlangestehen der Wohnungssuchenden in der Großstadt. Die wenigsten Sorgen machen sich die jungen Leute im Alter von 18 bis 24 Jahren (78%), die einfach länger in der elterlichen Wohnung verbleiben, falls der Wohnraum knapp oder unbezahlbar ist.

Zukunftsprognose

Die Wohnungsnot eskaliert in Krisenzeiten. Im Vorkrisenjahr 2019 klagten nur 46 Prozent der Bevölkerung über Wohnungsnot in Deutschland. Inzwischen haben Corona, Ukrainekrieg und Klimakrise die Sorgen der Deutschen fast explodieren lassen – auf 86 Prozent jeweils in den Jahren 2023 und 2024. Mittlerweile befürchten fast alle Bevölkerungsgruppen, dass es in naher Zukunft immer weniger bezahlbaren Wohnraum geben wird. Das Grundrecht auf Wohnen und Versorgung ist gefährdet, wenn immer öfter die Frage „Wie wollen wir wohnen?" mangels Finanzierbarkeit unbeantwortet bleibt.

Wohnen und Wohnung galten bisher nach der Kleidung als die dritte Haut des Menschen: Status, Selbstbild, Lebensphase – alles spiegelte sich in Stil und Ausstattung der eigenen vier Wände wider. Auch in Zukunft kann Wohnen gebaute soziale Wirklichkeit sein – als Single-Loft in der City oder Familienhaus im Grünen, als Holzhaus oder Nestbau. Die Zukunftszeichen für die nächsten zwanzig Jahre sprechen jedoch eine andere Sprache: Mit der wachsenden Wohnungsnot breitet sich eher ein urbaner Zukunftspessimismus aus. Die Klagen über den Verfall von Städten und Gemeinden nehmen zu. Aus der Unwirtlichkeit der Wohnquartiere wird der Unwohlstand der Bewohner. Das Gefühl von Zu-Hause-Sein geht zunehmend verloren.

Die Weltbevölkerung wandert und wächst, Deutschlands Bevölkerung hingegen altert – und schrumpft tendenziell. Mit den multiplen Krisen gibt es weniger Geburten. Die Geburtenquote hatte 2023 den niedrigsten Stand seit 2009 erreicht. Die Jugend wird zur Minderheit, und 2045 gibt es in den meisten deutschen Haushalten keine Kinder mehr.

2035 und 2045 leben in den meisten deutschen Haushalten keine Kinder mehr

Wie also wird die alternde und kinderlose Bevölkerung in Zukunft wohnen? Die meisten werden dort wohnen wollen, wo sie heute schon leben. Und sie setzen prioritär auf Wohneigentum, weil es das verlässlichste Fundament einer persönlichen Zukunftsvorsorge darstellt. Ein Leben lang wird im eigenen Interesse die Wohnsubstanz erhalten und verbessert. Die eigene Wohnung und das eigene Haus stellen die einzige Form der Zukunftsvorsorge dar, von der man schon in jungen Jahren profitiert – von der eigenen Nutzung bis zur Wertsteigerung. Wohneigentum entlastet im Alter, entlastet den Staatshaushalt und entlastet langfristig auch kommende Generationen. Die Förderung von Wohneigentum ist – ökonomisch und psychologisch – eine der wirksamsten Formen der Zukunftsvorsorgepolitik.

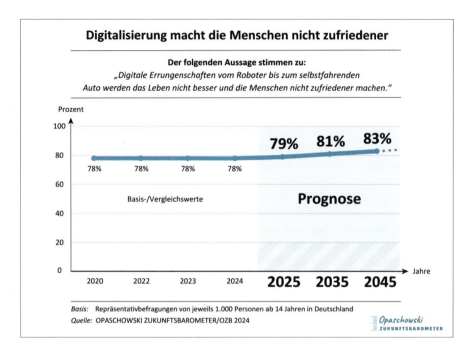

Datenanalyse

Das ist in der empirischen Grundlagenforschung nicht gerade Normalität: Eine jahrelang immer gleiche und „punktgenaue" Übereinstimmung bei der Einschätzung und Bewertung eines Sachverhalts. Über drei Viertel der Bevölkerung fällen seit Jahren ein einmütig negatives Urteil über die digitale Entwicklung in Deutschland. 2022, 2023 und 2024 sind jeweils 78 Prozent der Bevölkerung der festen Überzeugung: „Digitale Errungenschaften vom Roboter bis zum selbstfahrenden Auto werden das Leben nicht besser und die Menschen nicht zufriedener machen." Die ablehnende Haltung ist bei den Frauen genauso groß wie bei den Männern (je 78%), bei den Ostdeutschen ebenso wie bei den Westdeutschen (je 78%). Nur eine Bevölkerungsgruppe ist auffallend positiver gestimmt: 65 Prozent der jungen Generation im Alter von 14 bis 24 Jahren sind Digitalisierungskritiker. Es ist dennoch ein fast vernichtendes Urteil für die IT-Branche, wenn zwei Drittel des „Hoffnungsträgers Jugend" den Glauben an den sozialen Fortschritt der Digitalisierung verloren haben. Zukunftszweifel sind weiter angebracht. Die Schlüsselindustrie des 21. Jahrhunderts lässt noch viele Fragen offen.

Zukunftsprognose

Frisst die digitale Revolution ihre Kinder? Wird die *digitale Kriegsführung* zur größten Bedrohung der nationalen Sicherheit? Finden Cyberangriffe täglich und stündlich statt? Und kommt es zum Informations-Overkill „overnewsed, but under informed"? Das Aufwachsen findet in Zukunft zunehmend digital statt („Growing up digital"). Und total digital gilt als völlig normal – mit allen negativen Begleiterscheinungen. Für fast acht von zehn Bundesbürgern (79%) wird im Jahr 2025 das Leben durch Digitalisierung nicht besser. 2035 werden etwa 81 Prozent durch digitale Errungenschaften nicht zufriedener sein. Und auch 2045 schließen sich 83 Prozent der Bevölkerung der digitalen Kritik an.

Die Digitalisierung macht bisher den Eindruck der *Lawinenhaftigkeit*. Die meisten Bürger fühlen sich förmlich überrollt und bedroht. Sie wissen nicht, wie sie sich gegen diese Lawine wehren und aus den Armen des Polypen Multimedia befreien können. Die Angst vor der digitalen Technologisierung des Lebensalltags wurde vor einem Vierteljahrhundert in der Prognose zusammengefasst: „In den Zukunftsvorstellungen der Bevölkerung fehlt der Medienwelt von morgen der echte Bezug zu den menschlichen Bedürfnissen" (Opaschowski 1999, S. 49). Infolgedessen wird die Überfülle des Angebots auch nicht angenommen.

„Viele Bundesbürger haben das Gefühl, dass die Industrie gar nicht wissen will, ob die Konsumenten das eigentlich alles haben wollen"
(Opaschowski: Generation@ 1999)

In der Vision ist alles möglich. In der Technik ist vieles machbar. Aber in Wirklichkeit geht es nur um zwei Fragen: Wo bleibt der Mensch? Und: Was will der Konsument? Zukunftsängste resultieren oft aus Nichtwissen und Nichterfahrung. Hoffnungsvoll stimmt lediglich, dass die junge Generation die digitale Zukunft deutlich positiver sieht als die übrige Bevölkerung. Schulen ans Netz und *KI-Unterricht* werden sicher Schritte in die richtige Richtung sein. Allerdings löst mehr Technikkompetenz nicht zwangsläufig mehr Technikbegeisterung aus. Im günstigsten Fall werden sich in Zukunft Risiken und Chancen, Ängste und Hoffnungen die Waage halten und eine digitale Spaltung von Usern und Losern verhindern. Und mag es 2045 noch so viele neue digitale Möglichkeiten für Onlinebanking, -shopping und -entertainment geben: Das Bedürfnis nach persönlichen *Kontakten* sowie Sehen-und-Gesehen-Werden außerhalb der eigenen vier Wände wird eher noch größer. Und auch in zwanzig Jahren werden die meisten Beschäftigten müde von der Arbeit nach Hause kommen, sich vor ihr Multimedia-Gerät setzen und mit nichts anderem als ihrem Partner oder ihrem Kühlschrank interagieren.

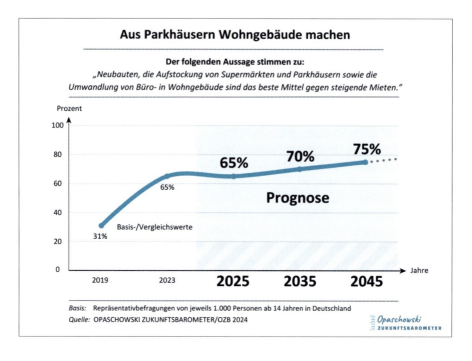

Datenanalyse

Steigende Mieten und ein vielfach unbezahlbares Wohnungsangebot haben in Deutschland eine Wohnungsnot großen Ausmaßes entstehen lassen. Die Deutschen verlangen von der Politik neue, auch unkonventionelle Problemlösungen. Wie ein Hilferuf in großer Not klingt der konkrete Vorschlag der Bevölkerung: „Neubauten, die Aufstockung von Supermärkten und Parkhäusern sowie die Umwandlung von Büro- in Wohngebäude sind das beste Mittel gegen steigende Mieten." Zwei Drittel der Deutschen (65%) befürworten diese Maßnahme, Wohnen für alle wieder bezahlbar zu machen. Seit dem Vorkrisenjahr 2019 hat sich der Anteil von 31 auf 65 Prozent mehr als verdoppelt. Die größten Befürworter (80%) zur Schaffung neuen Wohnraums sind junge Leute im Alter von 20 bis 24 Jahren, die die räumliche Verbindung von Büros, Supermärkten und Wohngebäuden attraktiv finden. Eine solche Problemlösung kommt ihrem multioptionalen Lebensstil am meisten entgegen. Arbeiten, Shoppen und Wohnen sind ohne größere Zeitverluste jederzeit kombinierbar. Die Möglichkeiten, neuen Wohnraum zu schaffen und zusätzliche Lebensqualität zu gewinnen, halten auch die Selbständigen und Freiberufler (74%) für besonders gelungen.

Zukunftsprognose

Zeitgleich mit der großen Wohnungsnot in Deutschland hat der Krieg in der Ukraine nach Angaben des UN-Flüchtlingshilfswerks die größte Flüchtlingskrise der Welt ausgelöst. Über ein Million Flüchtlinge, vor allem Frauen und Kinder, sind allein aus der Ukraine nach Deutschland gekommen. „Turnhallenbelegung" hieß die erste Notfall-Hilfe. In den nächsten Jahren werden die Versäumnisse der Wohnungsbaupolitik in Deutschland spürbare Folgen haben. Eigentlich wollte die Bundesregierung 400.000 neue Wohnungen pro Jahr gebaut haben, davon 100.000 Sozialwohnungen. Die Umsetzung dieses Vorhabens wurde versäumt. Fortan ist hektische Betriebsamkeit angesagt. Das Bundesbauministerium schiebt unter dem Namen „Bündnis bezahlbarer Wohnraum" eine Investitions- und Innovationsoffensive an. Und ein „Baulandmobilisierungsgesetz" soll die Handlungsmöglichkeiten der Kommunen stärken helfen. Die neuen Wohnungen sollen klimagerecht und bezahlbar sein und vor allem die privaten Haushalte unterstützen, die sich am Markt nicht aus eigener Kraft angemessen mit Wohnraum versorgen können.

Es gibt bisher keinen Masterplan für die Wohnwelt der Zukunft in Deutschland. Trotz wachsender Wohnungsnot wird es auch in den nächsten Jahren überalterte Landregionen geben, denen attraktive Alt- und Innenstädte als Wohnorte der kurzen Wege gegenüberstehen und ihre Magnetwirkungen entfalten. Die Möglichkeiten zur Schaffung von Neubauten werden weiter begrenzt sein. Insofern kann davon ausgegangen werden, dass „Aufstockungen" und „Umwandlungen" an Bedeutung gewinnen. 2025 werden sich zwei Drittel der Bevölkerung (65%) dafür aussprechen. 2035 werden es 70 Prozent und 2045 etwa 75 Prozent sein.

Die Wohnungsbaupolitik wird für das Wohlergehen der Menschen so wichtig wie die Gesundheitspolitik werden

Wohnortnah arbeiten und in zentraler Lage bezahlbar wohnen können, gleicht zwar einer Quadratur des Kreises, bleibt aber der Herzenswunsch der Menschen, die sich in ihren Wohnquartieren wohlfühlen wollen. Bleibeanreize in der Region können die wirksamste Wirtschaftsförderung werden, denn Wohnwert und Lohnwert gehören zusammen. Sie müssen auch zusammen verändert werden. Oder werden wir erst so lange warten müssen, bis die Immobilienpreise fallen, weil auch die Geburtenquoten sinken?

V. DATEN MEDIEN KI

Herausforderungen & Chancen

C. DAS OPASCHOWSKI ZUKUNFTSBAROMETER

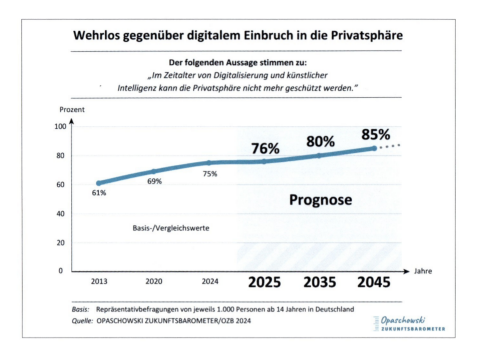

Datenanalyse

Datensicherheit ist eine Illusion. Und das freie Internet wird immer fragwürdiger. In der Bevölkerung herrscht weitgehende Übereinstimmung, wenn es um die Einschätzung der Sicherheitsversprechen von Wirtschaft und Politik geht. Drei Viertel der Deutschen (75%) haben den Glauben an den Schutz ihrer Privatsphäre verloren. Sie sind davon überzeugt: „Im Zeitalter von Digitalisierung und Künstlicher Intelligenz kann die Privatsphäre nicht mehr geschützt werden." Für sie hat der Datenschutz seine Unschuld verloren. Darin sind sich fast alle Bevölkerungsgruppen einig – mit nur geringfügigen Abweichungen: Die Westdeutschen vertrauen dem Datenschutz etwas weniger (74%) als die Ostdeutschen (76%). Die Frauen sehen den Datendiebstahl etwas kritischer (76%) als die Männer (73%). Lediglich die Höhergebildeten mit Abitur und Hochschulabschluss sind im Lager der Kritiker deutlich weniger vertreten (71%) als die Hauptschulabsolventen (78%). Auch die junge Generation der 14- bis 24-jährigen Digital Natives sieht den ‚Datenklau' gelassener (69%) als die 65plus-Generation (79%). Gläserne Konsumenten sind und werden in Deutschland Wirklichkeit.

Zukunftsprognose

Real. Legal. Illegal. Die Grenzen verwischen sich zusehends. Das Vertrauen in Datenschutz und Datensicherheit geht in Zukunft verloren. Im digitalen Zukunftsszenario ist fast alles möglich. Computerviren können die Stromversorgung versagen und Gas-Pipelines bersten lassen. Selbst Flugzeuge können durch Manipulation und Sabotage außer Kontrolle geraten.

Ein digitaler Tsunami als Blackout von Ampeln, Banken und Fahrstühlen ist nur noch eine Frage der Zeit

Die Bevölkerung muss mit Digitalvandalismus, Softwarepiraterie und Datendiebstahl leben lernen. Das Besondere der digitalen Zukunft ist zusätzlich darin zu sehen, dass nicht mehr die Medien zu den Menschen kommen, sondern die Menschen die Daten zu sich „herüberziehen". Den Usern fehlt aber bisher ein entsprechendes Sicherheitsbewusstsein. Kundenkarten, Kreditkarten, Krankenkarten – die inflationäre Verbreitung solcher Plastikkarten ist kaum mehr überschaubar und durchschaubar.

Um die gläsernen Konsumenten vor sich selbst und anderen zu schützen, bedarf es in Zukunft verschiedener miteinander kombinierbarer Lösungsansätze wie z. B. mehr Wissensvermittlung, mehr Problemsensibilisierung und mehr Datenschutzkontrolle. Die Zukunft von Datenschutz und Privatsphäre in einer vernetzten Welt ist kaum voraussagbar. Wird der Mensch am Ende selbst zu einem statistischen Datensatz von Alter, Einkommen, Einkaufszettel, Automarke, Steuererklärung und Trinkgewohnheiten? Werden aus den ganz persönlichen Daten neue Dienstleistungen für andere? Die amtliche Computerkriminalitäts-Statistik weist von Jahr zu Jahr zweistellige Steigerungsraten auf. Eine problematische Entwicklung, denn Schutz der Privatsphäre heißt auch Schutz der Menschenwürde sowie Kinder- und Jugendschutz. Allerdings geht die Jugend bisher viel zu gedankenlos damit um, indem sie ihr Privatleben ungeschützt ins Netz stellt. Die Zukunftsperspektive lautet: Ein Großteil der Konsumenten ist dem digitalen Einbruch in die Privatsphäre fast wehrlos ausgeliefert. Im Nachdenken über die möglichen Risiken der vielgepriesenen digitalen Infrastruktur stehen wir erst am Anfang.

Die Deutschen sind jedenfalls Realisten. Gut drei Viertel der Bevölkerung richten sich 2025 darauf ein, dass fast nichts mehr sicher ist und auch im Jahr 2035 acht von zehn Bürgern nicht mehr an den Schutz der Privatsphäre glauben. 2045 können es gar 85 Prozent sein. Als Zukunftsaussichten zeichnen sich ab: Die Cyberwelt wird zum zweiten Zuhause.

C. DAS OPASCHOWSKI ZUKUNFTSBAROMETER

Datenanalyse

Netzkontakte verdrängen Freundschaftsbeziehungen. Seit der Jahrtausendwende hat sich nach Erhebungen der Stiftung für Zukunftsfragen (SfZ 2024) das Surfen im Internet vervielfacht, während sich im gleichen Zeitraum geradezu erdrutschartig Unternehmungen mit Freunden halbiert haben. 72 Prozent der Deutschen treffen 2024 nach der OIZ-Umfrage die folgenschwere Aussage: „Durch das Internet werden die mitmenschlichen Kontakte seltener, die Vereinsamung nimmt zu." Dies erleben Frauen genauso (72%) wie Männer (72%). Großstädter (75%) ebenso wie Landbewohner (75%) und Westdeutsche (72%) in vergleichbarer Weise wie Ostdeutsche (71%). Hingegen machen sich 14- bis 24-jährige Jugendliche weniger ernsthafte Gedanken. Sie kommunizieren online, vermitteln aber subjektiv den Eindruck: Das sind doch die gleichen Freunde und Kontaktpartner. Vereinsamungsprobleme sehen sie nicht, wohl aber ihre Eltern. Familien mit Kindern müssen feststellen, dass sich im Vergleich zu ihrer eigenen Kindheit die eigenen Kinder deutlich weniger mit ihren Freunden „treffen" und etwas „unternehmen". Und wie sollen sie sonst neue Freunde finden können?

Zukunftsprognose

Kann es in Zukunft passieren, dass wir mehr mit Medien als mit Menschen kommunizieren? Sprechen wir dann mehr mit der Uhr, dem Handy oder der Brille? Wird es bald mehr digitale als echte Freunde geben? Und werden wir uns 2045 einbilden, mit Menschen geredet zu haben, obwohl es vielleicht nur ein Computer war? Wenn KI den Computer zum homo sapiens aufwertet, dann drohen „mit-menschliche" Kontakte verlorenzugehen. Nicht zufällig hat Elon Musk schon 2015 die KI als „größte existentielle Gefahr für die Menschheit" bezeichnet. Diese Gefahr wächst kontinuierlich. 2025 werden fast drei Viertel (73%) der Bevölkerung immer öfter mitmenschliche Kontakte vermissen. 2035 werden es drei Viertel (75%) sein. Und 2045 werden etwa 80 Prozent der Deutschen über Vereinsamung klagen, weil KI und ChatGPT den mitmenschlichen Kontakt nicht adäquat ersetzen können.

In Zukunft gibt es mehr Handys und Computer als Menschen: „Compunication" ersetzt zunehmend Unternehmungen mit Freunden

Es scheint offenbar das größte Paradox der Zukunft zu werden, dass Menschen in der Masse immer mehr zu vereinsamen drohen. Das insbesondere in den Ballungszentren vorherrschende Zusammenleben vieler Menschen auf engstem Raum bewirkt mehr räumliche Zusammenballung als mitmenschliche Nähe. Im Internetzeitalter sind Kommunikationsdichte und Kontaktlosigkeit keine Gegensätze mehr. Die Trennung von Wohn- und Arbeitsstätte, Kommunikationsarmut am Arbeitsplatz sowie anonymitätsfördernde Strukturen im Wohnungsbau haben Ausgrenzungs- und Vereinsamungsprozesse zur Folge. Die Wohnung bekommt zunehmend Inselcharakter, sorgt für maximale Abgeschiedenheit, Sicherheit vor Eindringlingen und Geräuscharmut durch Ausgrenzung von lautstarken Kindern. Hinzu kommt: Immer mehr Menschen leben allein, aber immer weniger Menschen können allein leben. Insofern wird der Freundeskreis bedeutsamer. Von Freunden will man nicht betreut, wohl aber anerkannt werden. Allerdings müssen persönlich wichtige Kontakte auch ernsthaft gepflegt werden. Kontaktstress will niemand haben, aber virtuelle Beziehungen ohne Bestand auch nicht. Wir haben es in der Hand, ob das Internet ein Fortschrittsinstrument der Kommunikation oder eine Geißel der Einsamkeit wird.

C. DAS OPASCHOWSKI ZUKUNFTSBAROMETER

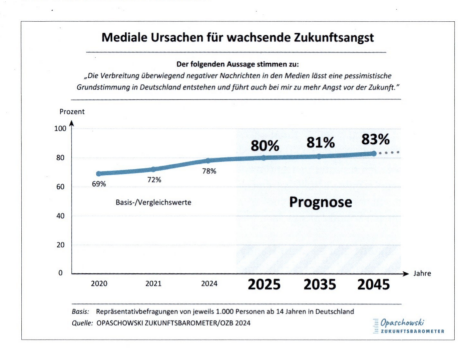

Datenanalyse

Zukunftsängste haben viele Ursachen, negative Nachrichten als Dauerberieselung gehören dazu. Ständige Alarmmeldungen sorgen für Unruhe, Unsicherheit und Angst. Die Polykrisenzeit seit Ausbruch der Coronakrise 2020 verängstigt die Bevölkerung kontinuierlich. 78 Prozent der Deutschen stimmen der Aussage zu: „Die Verbreitung überwiegend negativer Nachrichten in den Medien lässt eine pessimistische Grundstimmung in Deutschland entstehen und führt auch bei mir zu mehr Angst vor der Zukunft." 2020 waren es nur 69 Prozent gewesen. Zwei Bevölkerungsgruppen haben derzeit am meisten unter angstschürenden Nachrichten zu leiden: 82 Prozent der Frauen (Männer: 75%) und 82 Prozent der Familien mit Kindern unter 14 Jahren. Sie fühlen sich durch das Trommelfeuer von Negativnachrichten sehr verunsichert und machen sich aus Verantwortung für die Sicherheit der nachkommenden Generation große Sorgen. Paare ohne Kinder hingegen berühren die Alarmmeldungen deutlich weniger (67%). Mitverantwortlich für die pessimistische Grundstimmung sind nach Meinung der Bevölkerungsmehrheit Medien, die lieber schlechte als gute Nachrichten veröffentlichen.

Zukunftsprognose

„Only bad news are good news" gilt in der Medienbranche als Erfolgsprinzip. Die Skandalisierung einer Negativmeldung weckt mehr öffentliches Interesse. Das Negative ist medienwirksamer als das Positive. Thrill verkauft sich besser als Flow. Die Gefahr ist allerdings groß, dass apokalyptisches Denken und Reden verbreitet wird. Der Verdacht einer „Lügenpresse" kommt auf und aus Vertrauen kann Misstrauen werden. Die Neigung wächst, „die Welt mit zu aufgeregten Vokabeln zu beschreiben" (Der Spiegel vom 14. März 2020, S. 6). Nichts begeistert die schreibende Zunft mehr als die Aussicht auf eine finstere Zukunft (vgl. Neubacher 2020). Selbst Sportberichte werden mittlerweile als Thriller inszeniert und gleichen Krisendiskussionen, Katastrophenszenarien und Entlassungsgerüchten. Früher war ein Sturm einfach ein Sturm. Im 21. Jahrhundert gilt er nach Einlenkung von Klimaexperten (vgl. von Storch 2019) als Vorbote des Weltuntergangs.

Medien in der Pflicht: Wachsende Verantwortung gegenüber der kommenden Generation im Zeitalter der Extreme

Krisenmeldungen wirken auf Dauer verhaltensprägend. Müssen sich Jugendliche als Verlierer fühlen, weil ihnen keine positive Zukunftsperspektive geboten wird? Schlechte Nachrichten nehmen Kinder und Jugendliche subjektiv als schlechte Aussichten wahr. Häufige Wiederholungen und Visualisierungen beeinflussen auf Dauer ihr Realitätsverständnis. Natürlich wirken Negativszenarien längerfristig nur bis zu einem gewissen (Zeit-)Punkt. Dann stellen sich Problemgewöhnungen ein. Die Folge: Tatsächliche Ereignisse werden nicht mehr als Realitäten wahrgenommen – und gern verdrängt. Zukunftsangst als Folge laufender Negativnachrichten werden 2025 acht von zehn Bundesbürgern haben (80%), 2035 etwa 81 und 2045 83 Prozent. Die Mehrheitsgesellschaft bleibt verunsichert, wenn es nicht gelingt, ausbalancierte Nachrichten zu veröffentlichen. Medial gesehen muss sich die junge Generation wie eine „Generation Krise" fühlen und für das positive oder das negative Lager entscheiden. Die Medien brauchen in Zukunft wieder Maß und Mitte, ohne dass ihnen ein Hauch von Langeweile angedichtet wird oder sie nur als Brandbeschleuniger Aufmerksamkeit finden.

C. DAS OPASCHOWSKI ZUKUNFTSBAROMETER

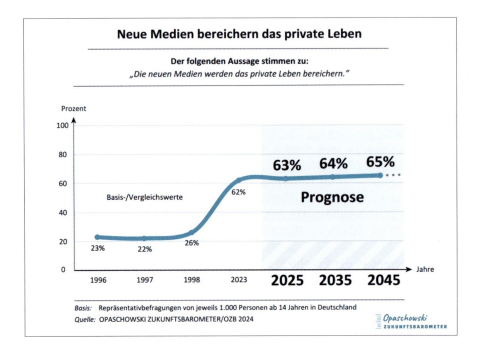

Datenanalyse

In den 80er und 90er Jahren versprachen Computer, Smartphones und Tablets eine Schöne Neue Medienwelt. Sie sollten den Marktplatz früherer Jahrhunderte ersetzen. Von diesem Zukunftsversprechen „Die neuen Medien werden das private Leben bereichern" sind derzeit knapp zwei Drittel der Deutschen (62%) überzeugt. Die große Ausnahme mit 91 Prozent Zustimmung stellen die 14- bis 19-jährigen Jugendlichen dar. Sie halten die multimedialen Errungenschaften für „die" Bereicherung ihres privaten Lebens. Ansonsten gehen die Meinungen in der Bevölkerung teilweise weit auseinander. Die Westdeutschen sind begeistert (66%), die Ostdeutschen deutlich weniger (48%). Die Männer finden die neuen Medien wichtiger (66%) als die Frauen (58%). Arbeiter identifizieren sich stark damit (68%). Selbständige und Freiberufler hingegen halten Multimedia für ihr privates Leben nicht so wichtig (46%). Die Gruppe der Mediennutzer ist uneinheitlich und gespalten, zumal das KI-Zeitalter mit seinem verwirrenden Angebot gerade erst begonnen hat. Die Konsumenten warten in Ruhe die weiteren Innovationen und „Revolutionen" auf dem Medienmarkt der Zukunft ab.

Zukunftsprognose

Das Radio brauchte 38 Jahre, bevor es 50 Millionen Zuhörer hatte. Beim Fernsehen dauerte es 13 Jahre und beim Internet nur noch vier. Das Internet breitete sich schneller aus als alle bisherigen Medien. Die neue Medienwelt stellt den gewaltigsten Sprung in der Geschichte der Kommunikation seit der Erfindung des Buchdrucks dar. Die Mischung aus Audio, Video und Dateien macht das Leben „total digital" und die Digitalisierung zum Milliardenmarkt, zumal der Computer über das reine Arbeitsinstrument zum massenhaften Unterhaltungsmedium avanciert ist.

Groß waren und sind bisher die Erwartungen, die neuen Medien werden das private Leben bereichern und verändern. Schon in Schule und beruflicher Ausbildung wird aus dem Lernen „auf Vorrat" immer mehr ein Lernen „auf Abruf". Virtuelles Lernen ist orts- und zeitgebunden geworden. Privat und beruflich kann jeder mit jedem an jedem Ort und zu jeder Zeit kommunizieren, was aber auch zu zusätzlichen Belastungen zwischen Geld- und Zeitnot führen kann.

Eine multioptionale Mediengesellschaft verführt zum rasanten Wechsel von sozialen Rollen. Ein Leben mit multiplen Identitäten wird möglich. Im Hinblick auf die Zukunft stellen sich allerdings neue Fragen: Verleiht die Optionen-Vielfalt vielleicht nur Pseudo-Identitäten? Wechseln die Menschen in Zukunft ihre Identität wie ihre Marke oder ihre Kleidung? „Gewinnen" sie am Ende nur eine gewisse Identifikation und weniger eine neue Identität? Wandern die Optionen gar wie ein Wanderpokal an einem vorbei, ohne tiefgehende Sinn-Sperre zu hinterlassen?

Die neuen Medien bereichern den Alltag um das Lebensgefühl von Dabeisein und Dazugehören, können aber auch zu Bühnen des Banalen werden

Die mediale Bereicherung des privaten Lebens („Ich bin viele") stößt an ihre psychologischen Grenzen. 2025 werden sich knapp zwei Drittel (63%) der Deutschen darüber freuen, 2035 können es 64 Prozent und 2045 65 Prozent sein. Eine explosive Entwicklung ist nicht zu erwarten. Die Schattenseiten der digitalen Revolution sind einfach nicht zu übersehen.

VI. FAMILIE. SOZIALES. BEZIEHUNGEN

Herausforderungen & Chancen

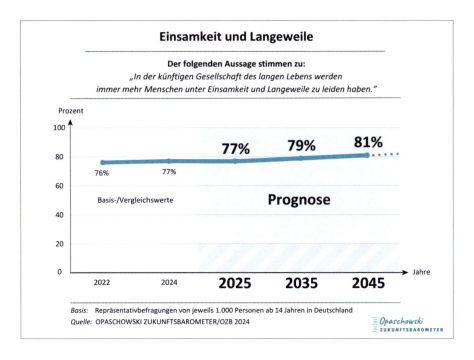

Datenanalyse

Ein alter Menschheitstraum, lange leben zu können, kann in Zukunft für viele Menschen fast zum Alptraum werden. Sie haben Langeweile und erleben ein leeres Zeitgefühl. Und sie fühlen sich einsam, sehr allein trotz Kontaktstress in der Vielsamkeit. Über drei Viertel der Deutschen (77%) haben Angst, im Alter darunter zu leiden. Groß sind allerdings die Unterschiede in der Wahrnehmungsweise bei der urbanen und der ländlichen Bevölkerung. Die meisten Zukunftssorgen machen sich die Bewohner im ländlichen Raum (84%). Großstädter haben da deutlich weniger Befürchtungen (73%), weil sie infrastrukturell besser versorgt sind und mehr Bildungs-, Kultur- und Freizeitangebote wahrnehmen können. Mit zunehmendem Alter spitzt sich die Problemlage allerdings deutlich zu. Knapp zwei Drittel der 14- bis 24-Jährigen (64%) machen sich darüber weniger ernsthafte Gedanken. Die Generationen 50plus (79%) und 65plus (81%) fühlen sich von Einsamkeit und Langeweile sehr viel stärker betroffen. Der britische Politiker brachte es 1965 im hohen Alter von 90 Jahren auf den Punkt: „I'm bored with it all" – mich langweilt das alles. Ein halbes Jahrhundert später gründete England 2018 das erste Einsamkeitsministerium.

VI. FAMILIE. SOZIALES. BEZIEHUNGEN

Zukunftsprognose

Eine Altersrevolution kommt auf Deutschland zu. Bis zum Jahr 2045 wird sich der Anteil der über 60-Jährigen mehr als verdoppeln. Die deutsche Bevölkerung altert dramatisch. Auf Langlebigkeit sind jedoch die wenigsten vorbereitet. Schon beim Übergang vom Berufsleben zum Ruhestand treten tiefgreifende Veränderungen und Verunsicherungen auf. Hauptursache ist die Herauslösung aus dem gewohnten Lebensrhythmus von Anpassung und Entspannung, Stress und Ruhe. Dies geht mit einem radikalen Umbruch des Lebens für das Selbstwertgefühl einher. Die Betroffenen fühlen sich plötzlich auf sich selbst gestellt. Die neue Situation macht Angst. Eine Aufgabe fehlt – Langeweile kommt auf.

Zudem bricht das gewohnte Beziehungsgefüge zu den Berufskollegen zusammen. Es verändern sich auch die privaten Beziehungen zur Familie und zu Freunden. Die Zahl der Kontakte geht zurück. Ein Gefühl von Vereinsamung breitet sich aus. Die Menschen klagen zunehmend über die physischen, psychischen und sozialen Folgen des Altseins: Nicht mehr gebraucht und gefordert werden, sich einsam fühlen und unter Langeweile leiden. Die Gefahr besteht, dass anstelle eines informellen Netzes von Hilfeleistungen Medikamente und Therapien in Anspruch genommen werden.

In Zukunft wird es den größten Medikamentenverbrauch in der Kurierung psychosozialer Probleme wie Langeweile, Einsamkeit und Depression geben

Die Bevölkerung macht sich nichts vor. Sie weiß um ihre Stärken und Schwächen. Gut drei Viertel der Deutschen (77%) befürchten 2025, dass sie in Zukunft unter Einsamkeit und Langeweile zu leiden haben. Sie können nicht aus ihrer Haut heraus. Diese Sorge wird sie auch 2035 in ihrem Leben begleiten (79%) und 2045 bei etwa 81 Prozent liegen. Politik und Gesellschaft werden dies zu spüren bekommen und zum Handeln gezwungen sein. Langeweile und Einsamkeit signalisieren, dass es mit der Humanität des sozialen Zusammenlebens nicht zum Besten bestellt ist. Frühzeitig warnte daher der Autor in der Ärzte-Zeitung vom 19. Oktober 2020 vor einer drohenden „Epidemie der Einsamkeit" in Deutschland. Drei Jahre später beschließt das Kabinett am 13. Dezember 2023 eine Strategie gegen Einsamkeit: „Gemeinsam aus der Einsamkeit". Im Blickfeld soll fortan der Kampf gegen die Vereinsamung bei Kindern, Jugendlichen und alten Menschen sowie bei sozialen Gruppen in ländlichen und strukturschwachen Regionen stehen.

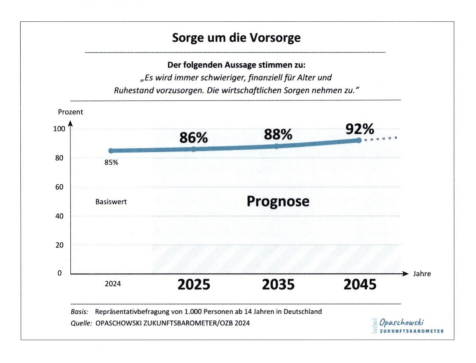

Datenanalyse

Neigung und Notwendigkeit zum Arbeiten im Alter nehmen zu. Die Vorsorge wird zur Sorge. 85 Prozent der Bevölkerung in Deutschland sind davon überzeugt: „Es wird immer schwieriger, finanziell für Alter und Ruhestand vorzusorgen. Die wirtschaftlichen Sorgen nehmen zu." Westdeutsche (84%) und Ostdeutsche (85%) beklagen dies in annähernd gleicher Weise. Hingegen sind die geschlechtsspezifischen Unterschiede bei der Altersvorsorge gravierend. Für 80 Prozent der Männer ist dies ein Grund zur Sorge. Hingegen haben Frauen sehr viel mehr Anlass zur Klage (89%). Insbesondere bei den nichterwerbstätigen Frauen ist die Angst am größten (94%). Wird Armut im Alter vorwiegend weiblich, weil bei geringerer Erwerbstätigenquote auch weniger Rücklagen für das Alter gebildet werden können? Nach den geringen Verdienstmöglichkeiten im Berufsleben wartet auf viele Frauen eine zweite Benachteiligung: Die Sorge um die Sicherung des Lebensstandards im Alter. Dies trifft auch für Bewohner im ländlichen Raum zu. 95 Prozent der Landbewohner haben große Angst vor der Altersarmut, während sich Großstädter deutlich weniger (79%) davon betroffen fühlen.

Zukunftsprognose

Seit 2018 garantiert der Gesetzgeber den Deutschen ein Rentenniveau von mindestens 48 Prozent des durchschnittlichen Bruttogehalts. Dieses Rentenniveau, so das Versprechen der Regierung im sogenannten „Rentenpaket", soll als Respekt vor der Lebensleistung dauerhaft gesichert werden. Ohne eine solche gesetzliche Sicherung würde das Rentenniveau bis zum Jahr 2045 auf 44,9 Prozent sinken. Nach dem aktuellen Rentenpaket II soll das bisherige Niveau zumindest bis zum Jahr 2039 gesichert werden. Bis dahin gibt es zudem weiterhin anrechnungsfreie Hinzuverdienst-Möglichkeiten. Wer gar zwei Jahre länger arbeitet und den Rentenbeginn verschiebt, erhält pro Monat 0,5 Prozent mehr Rente – und das lebenslang für diejenigen, die dazu gesundheitlich in der Lage sind. Realistischerweise muss davon ausgegangen werden, dass die „Sorge um die Vorsorge" den Deutschen auch in den nächsten zwanzig Jahren erhalten bleiben wird. Nichts spricht derzeit für unerwartete Wohlstandssteigerungen in den nächsten Jahren. 2025 werden 86 Prozent der Deutschen um die Erhaltung ihrer Lebensqualität im Alter bangen. 2035 können es 88 Prozent und 2045 um die 92 Prozent sein. Armut im Alter gehört heute schon zu den größten Zukunftsängsten der Deutschen.

Eine weitere Zukunftssorge kommt hinzu. Die Babyboomer-Generation geht in Rente. Immer weniger Beschäftigte müssen immer mehr Rentner versorgen. Der gesetzliche Generationenvertrag stößt an seine Grenzen. Vor diesem gesellschaftlichen und ökonomischen Hintergrund muss über die private Zukunftssorge neu nachgedacht werden.

„Meine Altersversorgung ist die Arbeit" reicht als Zukunftssicherung nicht mehr aus. „Ein Job. Eine Familie. Ein Ehrenamt" wird zur neuen Lebensaufgabe

Die Lebenserwartung der Deutschen nimmt jedes Jahr um gut zwei Monate zu. Was tun mit den neuen Freiheiten des Lebens? Mit dem Ende der Erwerbsarbeit ist die Lebensarbeit nicht zu Ende. Niemand will ein langes Leben mit ständigen Armutsrisiken im Alter führen. Aber andererseits kann Altersvorsorge nicht nur ein Geldthema sein. Altersvorsorge muss Daseinsvorsorge im umfassenden Sinn werden – materiell, mental und sozial. Der Ruhestand verliert in Zukunft seinen Charakter als Restzeit. Der Ausstieg aus dem Erwerbsleben führt dann kein marginales Schattendasein mehr, rückt eher ins Zentrum einer Neuorientierung des Lebens. Manche werden dabei die persönliche Erfahrung machen: „Meine Hobbies reichen immer nur bis Mittwoch..." Neue Aufgabenfelder mit Sinn und Ernstcharakter werden sie finden müssen – vom Senior-Experten-Service über das Senioren-Studium bis zum Vorhaben, mehr freiwillig und ehrenamtlich für andere da zu sein.

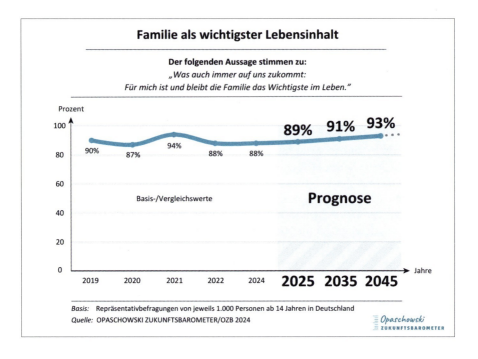

Datenanalyse

Es gibt bei den Deutschen keinen anderen Lebensbereich, der eine so hohe Wertschätzung erfährt wie die Familie. 88 Prozent der Bevölkerung bekennen wie bei einem Glaubensbekenntnis: „Was auch immer auf uns zukommt. Für mich ist und bleibt die Familie das Wichtigste im Leben." Das Loblied auf die Familie stimmen die Berufstätigen genauso an (88%) wie die Teilzeitbeschäftigten (88%) und die Nichterwerbstätigen (88%). In vergleichbarer Weise fällt die positive Bewertung bei den Frauen (89%) und den Männern (88%) aus. Und auch Westdeutsche (89%) stimmen auf den Lobgesang ein wie die Ostdeutschen (87%). Lediglich die Singles halten sich in ihrer Einschätzung etwas zurück (80%), weil sie ihr Leben mehr allein und selbständig gestalten müssen. Mit zunehmendem Lebensalter nimmt die Bedeutung der Familie noch weiter zu (50plus-Generation: 89% – 65plus-Generation: 91%). In den zurückliegenden Krisenjahren haben die Menschen die persönliche Erfahrung gemacht: Vertrauen kann man nur noch sich selbst – und der Familie. Die Familie ist das, was die Gesellschaft im Innersten zusammenhält.

Zukunftsprognose

Vertraut und verlässlich in jeder Lebenssituation. Das ist die Familie heute und in Zukunft auch. Familien sind der größte Reichtum eines Landes. Und immer dann, wenn es in Zukunft in der Gesellschaft kriselt oder die eigene Existenz gefährdet ist, werden sich die Menschen auf das besinnen, was ihnen Grundgeborgenheit im Leben gibt. Die Familie wird alle Krisen überleben.

In anhaltenden Krisenzeiten stellt sich immer öfter die Frage: Was macht ein Mensch ohne Familie?

In der Familie „fühlt" man sich sicher. Die Familie ist die beste Lebensversicherung und im positiven Sinne ‚billig und barmherzig'. Die Familie ist kein Auslaufmodell im 21. Jahrhundert. Ganz im Gegenteil: 2025 wird sie für 89 Prozent der deutschen Bevölkerung das Wichtigste im Leben sein und tendenziell weiter an Stabilität und Bedeutung gewinnen. 2035 können es 91 Prozent und 2045 etwa 93 Prozent der Bevölkerung sein, die das Hohelied der Familie wachhalten und hier Halt, Heim und Heimat suchen.

Die Familie – in welcher Lebensform auch immer – garantiert gesellschaftliches Ansehen und soziale Sicherheit, was kein Sozialstaat gleichwertig bieten kann. Die Familie wird in Zukunft eine Verantwortungsgemeinschaft sein, in der man füreinander Verantwortung trägt – oft bis ins hohe Alter. Auch in zwanzig Jahren wird die Familie der wichtigste Pflegedienst in Deutschland sein. Sie ist dann nicht mehr nur eine Haushaltsgemeinschaft von „Eltern mit Kindern". Subjektiv wird sie als verlässliche Lebensgemeinschaft mit starken Bindungen erlebt, in der die Familienmitglieder verantwortlich füreinander sorgen. Enkel-, Kinder- und Familienlose werden „Wahlverwandtschaften" suchen – von der Hausgemeinschaft im Mehrgeschosshaus bis zur Nachbarschaft.

Trotz der Vielfalt möglicher Familienmodelle – von kinderlosen Paaren und Patchwork-Familien bis zu gleichgeschlechtlichen Partnerschaften und Ehen – wird die Familie ein attraktives Lebensmodell sein. In den Lebensvorstellungen der jungen Generation bleibt die Familie über alle sozialen Gruppen hinweg ein anzustrebender sicherer Heimathafen. Insbesondere die Generationenfamilie mit Großeltern, Eltern und Kindern hat noch eine große Zukunft vor sich. In den nächsten zwanzig Jahren wird nicht mehr nur Geld, sondern auch mehr Zeit in der persönlichen Prioritätenliste ganz obenan stehen. Und über die Vereinbarkeit von Betriebs- und Familienpolitik muss in Wirtschaft und Gesellschaft neu nachgedacht werden. Elternfreundliche Arbeitsplätze werden zu einem der wichtigen Problemlöser für den chronischen Arbeitskräftemangel.

C. DAS OPASCHOWSKI ZUKUNFTSBAROMETER

Datenanalyse

Zum ersten Mal in der Geschichte der Menschheit haben heute vier oder gar fünf Generationen die Möglichkeit, am Leben der jeweils anderen teilzunehmen. Andererseits wird in einer Gesellschaft des langen Lebens das Ja-Wort zur Ehe subjektiv als folgenschwere Entscheidung empfunden. So gesehen überrascht es schon, dass zwei Drittel der Deutschen auch in Zukunft von nichtehelichen Haushaltsgemeinschaften wenig wissen wollen. 65 Prozent der Bevölkerung in Deutschland sind davon überzeugt: „Die Ehe mit Trauschein und Kindern wird auch in Zukunft das erstrebenswerteste Lebensmodell sein." Selbst Geschiedene und Getrenntlebende halten an dem klassischen Ehemodell als Idealform des Lebens fest (67%). Und auch in der übrigen Bevölkerung gibt es weitgehende Übereinstimmungen zur Frage von Ehe und Familie. Für das Trauschein-Lebensmodell sprechen sich Frauen (66%) und Männer (64%) annähernd gleich aus. Lediglich die Bevölkerungsgruppe der Singles gibt der Ehe weniger Zukunftschancen (47%), weil sie vielleicht ihre künftige Lebensform ganz persönlich noch offenhalten will, selbst noch unschlüssig ist oder weiter abwarten will.

VI. FAMILIE. SOZIALES. BEZIEHUNGEN

Zukunftsprognose

Weniger Ehen? Weniger Babys? Mehr Scheidungen? Wohin entwickelt sich die deutsche Gesellschaft vier Jahre nach der Pandemie? Die Coronakrise hat die Lebenseinstellungen der Menschen in Deutschland verändert. Und ein Ende der Krisenzeit ist nicht absehbar. Statistisch belegt (Destatis 2024) ist während der Krisenjahre ein Rückgang der Geburten von 66.830 im Vorkrisenjahr 2019 auf 56.371 im Jahr 2023. Als Erfahrungswert gilt weiterhin für Deutschland: Auf drei Eheschließungen kommt eine Scheidung. Die Zahl der Eheschließungen (einschließlich der Personen gleichen Geschlechts) nimmt seit 2022 wieder zu – von 357.785 im Jahr 2021 auf 390.743 im Jahr 2022.

Eheschließungen, Ehescheidungen und Geburtenquoten entwickeln sich uneinheitlich in Deutschland und sind nicht präzise vorhersagbar. Sehr viel verlässlicher sind die Aussagen der Bevölkerung zu Ehe und Kindern als persönliche Optionen fürs Leben. Eine stabile Zwei-Drittel-Gesellschaft hat sich längst entschieden. Für das Lebensmodell „Ehe mit Trauschein und Kindern" votieren 2025 etwa 66 Prozent der Deutschen und 2035 und 2045 werden es jeweils 68 Prozent sein. Ein radikaler Einstellungswandel ist in den nächsten Jahren nicht zu erwarten – unter der Voraussetzung, dass es in Deutschland nicht zu politischen Verwerfungen, kriegerischen Auseinandersetzungen oder Naturkatastrophen kommt.

Die „Ehe mit Trauschein und Kindern" bleibt auch in Zukunft das erstrebenswerteste Lebensmodell

Selbst dann, wenn die Ehe scheitert, werden Geschiedene möglichst bald wieder vor den Traualtar treten wollen, um in Sicherheit leben zu können. Das Single-Dasein wird für die meisten kein Wunschmodell für die Zukunft sein, auch wenn die Verbindlichkeit einer Beziehung nicht immer leicht fällt.

Andererseits hat das Abstandhalten, Maskentragen und Zuhausebleiben während der Pandemie Spuren hinterlassen. In postpandemischer Zeit werden sich die Menschen wieder verstärkt nach Geborgenheit und einem schützenden Sicherheitsrahmen sehnen. Ein Leben mit Trauschein und Kindern wird wie eine sichere soziale Währung empfunden werden, die Beliebigkeit durch Beständigkeit ersetzt. Die Rendite dieser beständigen Wertanlage heißt: Lebenserfüllung. Man kann dies auch Gewinnmaximierung des persönlichen Lebens nennen. Die Ehe verliert auch in Zukunft ihren Leitbildcharakter für die junge Generation nicht. Und nicht wenige junge Leute werden an dem Wunsch festhalten: So leben wie die Eltern heute. Und: Kinder gehören zum Leben dazu.

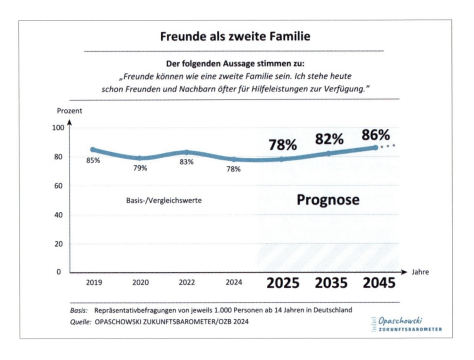

Datenanalyse

Aus einem Nebeneinander kann in anhaltenden Krisenzeiten ein Miteinander werden. Freunde und Nachbarn bewähren sich als Helfer in der Not. Sie ermöglichen Hilfeleistungen der kurzen Wege. Über drei Viertel der Bevölkerung (78%) haben in den zurückliegenden Jahren seit der Coronakrise positive Erfahrungen gemacht und stimmen der Aussage zu: „Freunde können wie eine zweite Familie sein. Ich stehe heute schon Freunden und Nachbarn öfter für Hilfeleistungen zur Verfügung." Hilfen werden geleistet und gelebt. Im Leben auf Freunde und Nachbarn bauen, gilt für Bewohner auf dem Land deutlich mehr (81%) als in der Großstadt (70%). Und wer als Single allein und ohne Partner lebt, legt den größten Wert (86%) auf die Mithilfe von Freunden und Nachbarn. Dies gilt auch für junge Erwachsene im Alter von 18 bis 24 Jahren. 84 Prozent von ihnen erwarten für die Zukunft über Netzwerkbeziehungen hinaus Face-to-Face-Kontakte von Freunden und Nachbarn als praktizierte Hilfeleistung und gelebte Solidarität. Als verlässliche Wegbegleiter im Leben können sie vom Fahrdienst über die Kinderbetreuung bis zum Homesitting wie eine zweite Familie sein.

Zukunftsprognose

Nachbarn, Freunde und Bekannte werden in Zukunft als Netzwerkpartner immer wichtiger. Obwohl diese Kontakte freiwillig eingegangen werden und jederzeit aufkündbar sind, zählen sie zu den stabilsten Beziehungen im Lebenslauf der Menschen in den nächsten zwanzig Jahren. Sie wirken wie soziale Konvois und verlässliche Wegbegleiter. Sie übernehmen in der Regel keine Betreuungs- oder Pflegeleistungen, tragen aber durch ihre Kontakte und Besuche wesentlich zur Verbesserung der Lebensqualität bis ins hohe Alter bei. Die beruflichen Mobilitätsanforderungen nehmen zu und die Familiengründung findet immer später statt. In dieser Situation leistet das Comeback der guten Nachbarn gute Dienste. Die Bevölkerung entdeckt den Wert der Nachbarschaft wieder, weil die Menschen in unsicheren Zeiten aufeinander angewiesen sind.

Freunde können eine Familie nicht ersetzen, aber in Zukunft als verlässliche Wegbegleiter wie eine zweite Familie sein

In den Krisenjahren von 2020 bis 2024 bewegten sich die Freundschaftsdienste und Nachbarschaftshilfen bei Werten zwischen 78 und 86 Prozent Zustimmung. Auch 2025 werden gut drei Viertel der Bevölkerung (78%) auf die „zweite Familie" setzen. Die unsicheren Zeiten halten weltweit weiter an. 2035 können 82 Prozent und 2045 etwa 86 Prozent der Deutschen die Unterstützung von Freunden und Nachbarn in Anspruch nehmen. Wer in Zukunft soziale Geborgenheit sucht, kann dies nicht mehr dem Zufall überlassen. Die Menschen werden sich frühzeitig um nichtverwandte Wahlfamilien kümmern müssen. Dieses erweiterte Familienverständnis wird zum sozialen Kitt der Gesellschaft, auch wenn die Wahlverwandtschaft weniger Bindung und Verbindlichkeit aufweist. Insbesondere für Alleinstehende und Alleinlebende wird der Zusammenhalt durch Zusammenrücken zur existentiellen Lebenshilfe – als Gemeinschaft auf Gegenseitigkeit. Betreutes Wohnen – in den 1970er Jahren für „Behinderte" eingeführt – wird durch Selbst- und Nachbarschaftshilfe ersetzt. Gefragt sind in Zukunft vor allem generationsübergreifende Wohnkonzepte von der Haus- bis zur Baugemeinschaft – auch als Alternative zum traditionellen Altenheim. Die intensiver gelebte Nachbarschaft hat einen positiven Nebeneffekt: Je mehr Nachbarn sich mit Vornamen kennen, desto sicherer wird die Wohngegend sein.

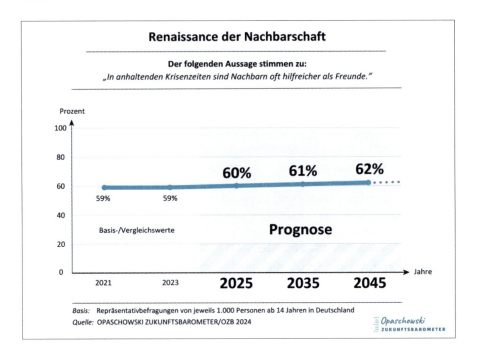

Datenanalyse

Der Nachbarschaftsgedanke hat eine lange Geschichte. Zu einer Zeit, da es weder Renten-, Lebens-, Kranken- und Pflegeversicherungen gab, war der nachbarschaftliche Zusammenhalt eine Frage des Überlebens. Seit der Coronakrise stabilisiert sich der Nachbarschaftsgedanke in Deutschland wieder und erfährt eine Aufwertung: „In anhaltenden Krisenzeiten sind Nachbarn oft hilfreicher als Freunde" wissen fast sechs von zehn Befragten (59%) in den Krisenjahren zu berichten. Die gegenseitige Hilfeleistung in der Krise ist für Frauen genauso wichtig wie für Männer (je 59%), für Westdeutsche ebenso wie für Ostdeutsche (je 59%). Ganz anders die Bedeutung des Nachbarschaftsgedankens in Stadt und Land. Bewohner im ländlichen Raum haben seit der Coronakrise deutlich mehr Nachbarschaftshilfen in Anspruch genommen (71%) als Großstädter (58%), die offensichtlich weniger Möglichkeiten und Gelegenheiten zu Nachbarschaftskontakten hatten. Auch Berufstätige haben in der Krisenzeit weniger Nachbarschaftshilfe in Anspruch nehmen können (56%) als Nichterwerbstätige (63%), die sich mehr im Wohnumfeld aufhielten. Die Hilfeleistungsgesellschaft findet mehr im ländlichen Raum als im urbanen Umfeld statt.

Zukunftsprognose

Die gegenseitige Hilfeleistung in der Not war jahrhundertelang eine Nachbarschaftspflicht. Den Nachbarn wurden früher „sieben Notnachbarn" mit Nachbarpflichten zugeordnet. Wer diese Pflichten vorsätzlich verletzte, musste mit Verachtung und sozialer Isolation rechnen. In der Pandemiezeit der Jahre 2020 bis 2023 lebte die praktische Nachbarschaftshilfe in Deutschland wieder auf und übertraf teilweise den Freundeskreis an persönlicher Bedeutung. In Zukunft werden die Nachbarn vor der Haustür oder um die Ecke für die Entscheidung eines Wohnortwechsels so wichtig wie die Schule, die Arztpraxis oder der Laden für den täglichen Einkauf sein. Nachbarn können sofort zur Stelle sein und spontan bei Bedarf oder in der Not helfen, während die Freunde ihrer geregelten Berufsarbeit nachgehen, verstreut in der Region leben oder weit entfernt nicht erreichbar sind. Anderseits wird in Zukunft vor allem die wachsende Zahl von Alleinlebenden auf gute Nachbarschaftsbeziehungen angewiesen sein. Nachbarschaftspflege wird zu einer wichtigen Aufgabe in einer Gesellschaft des langen Lebens. Die ‚guten', ‚netten' und ‚hilfsbereiten' Nachbarn wird es aber nur geben können, wenn man selbst etwas dafür tut und sich die persönlichen Kontakte regelrecht verdient.

Wer in Zukunft aus beruflichen Gründen seinen Wohnort wechseln muss, wird am meisten die Nachbarn und die gewohnte soziale Lebensqualität des Wohnumfelds vermissen

In Zukunft wird die Nachbarschaft auch mehr für den Ausgleich struktureller Defizite im Wohnungs- und Städtebau herhalten müssen. Das kann im Einzelfall durchaus konfliktreich sein, wenn Kinderlärm, Neid, üble Nachrede oder Einmischen in private Angelegenheiten Anlass dazu geben. Anderseits stellen Kinder oft Katalysatoren für neue nachbarschaftliche Kontakte dar.

Die anhaltenden Krisenzeiten bleiben den Deutschen in den nächsten zehn bis zwanzig Jahren erhalten. Aus diesem Grund werden 2025 weiterhin etwa 60 Prozent der Bevölkerung Wert auf Nachbarschaftspflege legen, 2035 können es 61 Prozent und 2045 etwa 62 Prozent sein. Der Kontakt „muss" allerdings geradezu systematisch gepflegt werden – in einer künftigen Gemeinschaft auf Gegenseitigkeit. Die Kontaktpflege wird daher nicht nur eine Herzensangelegenheit, sondern auch eine Vernunftsache und Versorgungsmaßnahme für das Alter sein. Kontakte können sich spontan bilden, aber genauso oft eine Folge rationaler Überlegungen sein.

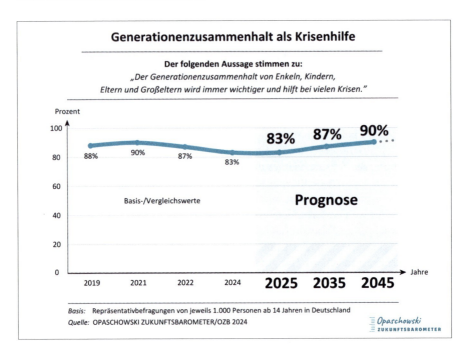

Datenanalyse

Der vielfach befürchtete Generationenkonflikt findet nicht statt. In Krisenzeiten ist Familie mehr als nur ein Ort, wo Kinder sind. Während der Pandemie ist die Familie zur generationsübergreifenden Solidargemeinschaft geworden. 83 Prozent der Bevölkerung sind davon überzeugt: „Der Generationenzusammenhalt von Enkeln, Kindern, Eltern und Großeltern wird immer wichtiger und hilft bei vielen Krisen." Die größte Unterstützung findet in ländlichen Regionen statt (97%), wo räumliche und soziale Nähe eher gegeben ist. Dagegen müssen Großstädter deutlich mehr auf familiäre Unterstützungen (79%) verzichten. Frauen (84%) wie Männer (82%) sowie Westdeutsche (83% und Ostdeutsche (82%) wissen die Hilfeleistungen untereinander gleichermaßen zu schätzen. Jung und Alt agieren als Krisenhelfer. Berufstätige sind dabei mehr auf den Zusammenhalt angewiesen (86%) als Nichterwerbstätige (79%). Auch Beschäftigte in Teilzeitarbeit nehmen die Generationenhilfe gern in Anspruch (86%). Die verlässlichen Beziehungsqualitäten sichern die persönliche Lebensqualität in schwierigen Zeiten. Wenn es allerdings in Zukunft weniger Kinder und familiäre Bindungen gibt, dann kann auch das Solidaritätspotential geringer werden.

Zukunftsprognose

Die Familie steht auch in Zukunft im Zentrum des Lebens. Glücklich kann sich schätzen, wer in Notzeiten auf einen verlässlichen Generationenzusammenhalt setzen kann. Die Generationen stützen und unterstützen sich. Diese privaten Generationenbeziehungen setzen Signale für einen zukunftsfesten Generationenpakt neuer Prägung – mental, sozial und auch materiell. Jung hilft Alt – alte sparen für Junge.

Die Solidarität der Generationen wird zur Wagenburg des 21. Jahrhunderts

Die ältere Generation leistet erhebliche Geld- und Sachmittel für die jüngere Generation, die sich wiederum durch nichtmonetäre Hilfeleistungen erkenntlich zeigt – von Besorgungen und Einkaufshilfen bis zu Haus- und Gartenarbeiten. In diesen Dauerkrisenzeiten machen sie sich Sorgen um- und füreinander. Jüngere und Ältere werden so zu Verlässlichkeitspartnern. Die Generationenbilanz kann sich sehen lassen. 2025 werden sich 83 Prozent der Bevölkerung auf den Generationenzusammenhalt verlassen, 2035 können es 87 Prozent und 2045 bis zu 90 Prozent sein. Die Zeiten bleiben unsicher und konfliktreich. Vielleicht wird man in den nächsten zehn bis zwanzig Jahren von einer „Krisenära" sprechen, in der die Menschen gelernt haben, sich nicht nur auf die staatliche Fürsorge zu verlassen. Die Solidargemeinschaft der Generationen bekommt eine existentielle Bedeutung.

Der Generationenzusammenhalt kann zu einem neuen Grundmodell für gelebten Gemeinsinn werden. Davon profitieren primär Generationen mit familialen Netzwerken. Alle anderen – insbesondere Singles und Kinderlose – müssen sich bemühen, im Laufe ihres Lebens verlässliche und soziale Netze zu knüpfen. Näher und ferner stehende Menschen müssen ihr Leben begleiten. Gefordert sind lebenslange Begleiter bis ins hohe Alter. Das Fehlen von Familien und Freunden lässt sich jedenfalls mit Geld nicht mehr ausgleichen. Über das neue Generationenmodell zwischen Enkelbetreuung und Altenhilfe gibt es noch erhebliche Wissens- und Forschungslücken, was auch mit der zukünftigen Gesellschaft des langen Lebens zusammenhängt. Wann fangen Älterwerden und Altsein an und wann hören Hochaltrigkeit und Langlebigkeit auf? In einer neuen Generationengesellschaft erhalten alle Lebensalter ein neues Gesicht. Alt ist man erst, wenn man nicht mehr Autofahren kann.

VII. BILDUNG. ERZIEHUNG. INTEGRATION

Herausforderungen & Chancen

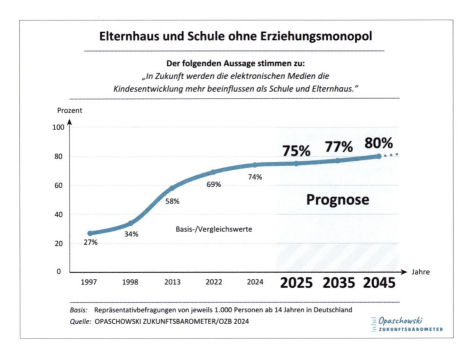

Datenanalyse

Verliert das Elternhaus sein Erziehungsmonopol? Kapituliert die Schule vor ihrer Bildungsverantwortung? Eine mediatisierte Kindheit droht in Zukunft Wirklichkeit zu werden. Mittlerweile trauen rund drei Viertel der Deutschen (74%) der Schule und dem Elternhaus keine dominante prägende Erziehungs- und Bildungskompetenz mehr zu. Die Männer sehen dies ähnlich kritisch (75%) wie die Frauen (74%). Am meisten macht sich die Generation im Elternalter von 20 bis 39 Jahren Gedanken über die Folgen der Mediatisierung des Lebens von Kindern und Jugendlichen (80%). Auch Paare (noch) ohne Kinder (80%) machen sich Sorgen. Aus ehemals heimlichen Miterziehern können die Medien in Zukunft zu fast (un)heimlichen Haupterziehern werden und Eltern und Lehrer zunehmend verdrängen. Über drei Viertel der Haushalte mit Kindern (77%) treffen die folgenschwere Feststellung: „In Zukunft werden die elektronischen Medien die Kindesentwicklung mehr beeinflussen als Schule und Elternhaus." Influencer können zu Erziehungsagenten werden – mit oder ohne pädagogische Qualifizierung.

Zukunftsprognose

Der Medienkonsum hat in den letzten zwei bis drei Jahrzehnten seine dramatische Entwicklung hinter sich. Ende der neunziger Jahre befürchtete gerade einmal ein Viertel der Bevölkerung das Aufkommen einer neuen „Generation @", die ihren Schonraum Kindheit zu verlieren droht. Diese Sorge hat sich inzwischen verdreifacht – von 27 Prozent (1997) auf 74 Prozent im Jahr 2024. Die Kinderzimmer sind mittlerweile zu modernen Schaltzentralen geworden.

Das Aufwachsen in einer medienüberfluteten Welt macht das Kind zum Scanner. Es „liest" nur noch das persönlich Wichtige. Alles Andere wird „ausgeblendet"

Das Scannen wird in Zukunft die fehlende Navigationskompetenz ersetzen müssen. Nur so kann sich das Kind gegen die Medienflut erfolgreich zur Wehr setzen und sich im Meer der Angebote zurechtfinden. Psychosoziale Folgen können nicht ausbleiben. Viele Eindrücke werden nur noch konfettiartig nebeneinander aufgenommen. Die Impressionen bleiben oft bruchstückhaft und oberflächlich.

Ohne das dominante Korrektiv und Erziehungsmonopol von Schule und Elternhaus werden 75 Prozent der Deutschen 2025 psychosoziale Folgen für die Kindesentwicklung befürchten. Die Sorge der Bevölkerung vor Konzentrationsschwächen, Verhaltensstörungen und zunehmender Aggressivität werden in den Folgejahren 2035 auf 77 Prozent und 2045 auf 90 Prozent Zustimmung anwachsen. Die Unterstützung von Digitalisierung und KI lässt eine fast dauerhaft nervöse und motorisch unruhige Generation entstehen, die sich ständig unter Strom fühlt und Schwierigkeiten hat, zur Ruhe zu kommen und sich auch durch Psychodrogen zeitweilig abzulenken versucht. Der Wunsch kommt auf, nach einer Ära totaler Reiz- und Medienüberflutung Wege zu einer neuen Einfachheit zu finden. Die Erziehung zur Medienkompetenz wird in den nächsten zwanzig Jahren zu einer der wichtigsten Bildungsaufgaben der Zukunft. Eine Anleitung zur medialen Diät wird vielleicht die wirksamste Medienerziehung für die nächste Generation sein. Die Empfehlung an die junge Generation kann nur lauten: „Bleib nicht dauernd dran – schalt doch mal ab!" Gefordert ist in Zukunft eine neue Generation autarker User, die im Netz selbstbestimmter agiert und davon überzeugt ist: Wir können bremsen, wenn wir wollen. Wir können entschleunigen und die Vielfalt und das Tempo drosseln, weil wir nicht kollabieren oder im digitalen Tsunami ertrinken wollen. Wir können – ganz einfach – den Stecker ziehen. Wir können die Medienkompetenz der nächsten Generation verändern, nicht aber die Uhren im digitalen Zeitalter zurückdrehen.

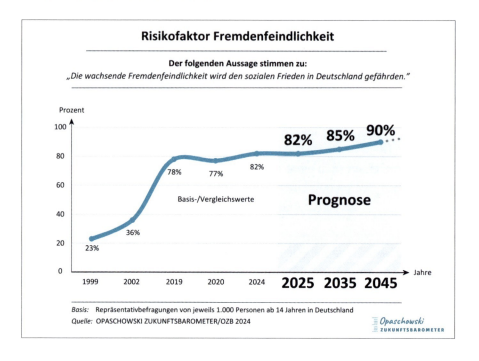

Datenanalyse

Eine neue Sorge breitet sich in den letzten Jahren in Deutschland aus. Es ist die Angst vor fremden Welten im eigenen Land. 82 Prozent der Bevölkerung befürchten: „Die wachsende Fremdenfeindlichkeit wird den sozialen Frieden in Deutschland gefährden." Negative Auswirkungen auf Sozialstrukturen und Sozialsysteme in Stadt und Land werden erwartet. Die größten Befürchtungen äußern Befragte mit Abitur oder Hochschulabschluss (87%). Auch Westdeutsche kritisieren besonders stark die wachsende Fremdenfeindlichkeit (84%), deutlich mehr als die Ostdeutschen (75%). Und ebenso die junge Generation im Alter von 14 bis 24 Jahren sieht den sozialen Frieden in Deutschland durch Fremdenfeindlichkeit besonders gefährdet (85%). Jugendliche bekommen offensichtlich das fremdenfeindliche Klima im täglichen Leben mehr persönlich zu spüren als etwa die 65plus-Generation (78%). Ursache hierfür ist ein als zu hoch empfundener Anteil an Fremden, die in einer Parallelwelt nach eigenen Regeln zu leben drohen. Gelebte Integration findet zu wenig statt, was die Abwehrhaltung gegenüber Zu- und Einwanderern aus fremden Kulturen erklärt. Die Angst vor Überfremdung lässt ein Feindbild entstehen, das für Konflikte im Alltagsverhalten sorgt.

Zukunftsprognose

Die Welt wandert und wächst. Noch vor gut hundert Jahren stellten die Deutschen im Jahr 1890 dreißig Prozent der amerikanischen Bevölkerung. Seit den fünfziger Jahren des vorigen Jahrhunderts ist Deutschland selbst millionenfach zum Sehnsuchtsziel für Zuwanderer aus dem Ausland geworden. Dabei machten Politik, Wirtschaft und Gesellschaft eine unerwartete Erfahrung: „Gastarbeiter" wurden gebraucht – doch Menschen sind gekommen. Die ökonomische Rechnung ging zunächst auf, aber die humane Dimension war vielfach außer Acht geblieben. Die Probleme des Sozialstaats fingen damit erst an. Die „Aufnahmefähigkeit der Gesellschaft" (Regierungserklärung von Willy Brandt 1973) stand plötzlich zur Diskussion.

Ein Mehr an fremden Menschen kann auch ein Mehr an Konflikten, Delikten und gesellschaftlichen Risiken sein. Die Politik des pragmatischen Improvisierens funktioniert in Zukunft nicht mehr

Aus dem augenblicklichen Vorteil für die Wirtschaft wird der nachhaltige Nachteil für das soziale Zusammenleben. Diffuse Ängste vor „dem" Fremden und „den" Fremden sind nicht neu. Wohl aber droht derzeit die Wertschätzung fremder Kultur im Zeitalter weltweiter Migrationsbewegungen und Flüchtlingsströme verlorenzugehen. Der zwischenmenschliche Umgang wird rauer. Tatsächliche oder vermeintliche Gegensätze prallen aufeinander: einheimisch/fremd, alt/jung, arm/reich u. a. Sie tragen zur Polarisierung in der Gesellschaft bei. Die ablehnende Haltung gegenüber allem, was fremd und anders erscheint, lässt in anhaltend unsicheren Zeiten auch Fremdenhass entstehen. Fremdenfeindlichkeit begünstigt die Entstehung von Inselwelten außerhalb des gesellschaftlichen Grundkonsenses, fördert Hass und Neid und fordert geradezu Aggressionen und Straftaten heraus.

Bei aktuellen gesellschaftlichen Problemfeldern wie Fremdenfeindlichkeit, Rassismus und Antisemitismus sind gravierende Prognoseunsicherheiten Normalität. Es mangelt bisher an grundlegenden Primärstatistiken und Vergleichsdaten. „Mehr ausländische Tatverdächtige". Auf diesen Nenner lässt sich allenfalls die Situation nach der Polizeilichen Kriminalstatistik 2024 bringen. Aggressionsdelikte und Gewaltkriminalität im öffentlichen Raum nehmen zu. Wenn es nicht zu Konflikten mit sozialem Zündstoff kommen soll, muss in Zukunft die Integration als ausbalancierte Identität zwischen Herkunfts- und Aufnahmekultur gelingen. Beide, Fremde und Einheimische, müssen sich aufeinander zubewegen. Heimat wird für Zu- und Einwanderer nur dort gegeben sein, wo sie sich nicht mehr erklären und legitimieren müssen. Der Wunsch nach Zugehörigkeit muss größer werden als das Bedürfnis nach Abgrenzung.

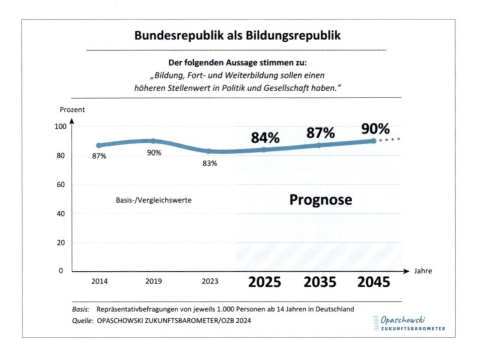

Datenanalyse

Bildung. Fortbildung. Weiterbildung. Für ein ressourcenarmes Land wie Deutschland stellen Bildungsfaktoren unverzichtbare Voraussetzungen für die Zukunft von Wachstum und Wohlstand dar. Dies erklärt die hohen Zustimmungswerte der Bevölkerung: 83 Prozent der Deutschen fordern: „Fort- und Weiterbildung sollen einen höheren Stellenwert in Politik und Gesellschaft haben." Bildung soll nicht einfach mit der Schule aufhören. Die Entdeckung außerschulischer und außerberuflicher Bildung hat gerade erst begonnen. Die Bildungspolitik steht auf dem Prüfstand, denn Bildung schafft wieder Bildung. Die höchsten Ansprüche (85%) an das Bildungswesen der Zukunft stellen Befragte mit Abitur oder Hochschulabschluss. Hauptschulabsolventen sind in dieser Beziehung weniger fordernd (79%). Am meisten wünschen sich Bewohner im ländlichen Raum mehr Bildungsangebote (97%) rund ums Jahr. Hier deuten sich gravierende strukturelle Defizite an. Prioritäre Förderungen und Finanzierungen flächendeckender Bildungsangebote in Stadt und Land stehen in Deutschland noch aus.

Zukunftsprognose

Zukunftsinvestitionen in die Bildung zahlen sich vielfach aus: Sie machen Menschen und Märkte zukunftsfähig. Über die traditionelle Schul- und Berufsausbildung hinaus haben sie den Qualifikationsbedarf auf dem Arbeitsmarkt im Blick und befähigen zugleich die Menschen, ein Leben lang den sozialen Wandel der Gesellschaft aktiv zu gestalten.

Bildung wird zum lebensbegleitenden Lernen. Wer in Zukunft zu lernen aufhört, kann ebenso gut zu leben aufhören

Schulbildung ist als Wissen wie Milch – das Ablaufdatum ist schon aufgedruckt. In Zukunft haben wir es mit veränderten Bildungsbiografien zu tun. Bereits 2025 werden 84 Prozent der Bevölkerung die Bundesrepublik als Bildungsrepublik verstehen und infolgedessen einen höheren Stellenwert des Bildungswesens in Politik und Gesellschaft fordern, 2035 können es 87 und 2045 etwa 90 Prozent sein. Der Bevölkerung schwebt eine Zukunftsvision Bildungsgesellschaft vor, in der es Bildungsangebote vor Ort ein Leben lang gibt.

Erforderlich werden in Zukunft neue Bildungseinrichtungen sein, die unabhängig von Beruf und Betrieb die Menschen ein Leben lang begleiten können – als freie Bildungsakademien, einer neuen Generation von Volkshochschulen in einzelnen Gemeinden in einem Bildungsmix aus Literaturkneipe, Lernstudio, und Kulturwerkstatt, Abendschule, Wochenendseminar und Ferienakademie: Zugänglich und geöffnet zu Zeiten, da andere Bildungseinrichtungen in der Regel geschlossen sind. Auch Wirtschaftsunternehmen sollten in Zukunft Bildungsclubs ohne Inanspruchnahme von Steuergeldern einrichten, fördern und finanzieren, wie dies beispielhaft die Migros-Clubschulen in der Schweiz tun. Attraktive Bildungslandschaften müssen in Zukunft die Menschen für freiwilliges Life-long-learning motivieren und begeistern. Zur formellen Bildung in Institutionen muss sich in Zukunft die informelle Bildung gesellen, in der es vor allem um die Fähigkeit zur Gestaltung des eigenen Lebens geht, das in der Geschichte der Menschheit noch nie so lange gedauert hat wie heute und in Zukunft. Es handelt sich um Sozialisationserfahrungen vor und neben Schule und Beruf. Bildungslandschaft und Bildungsrepublik in Deutschland brauchen einen positiven Paradigmenwechsel. Warum gibt es wie in der Schweiz kein von der Wirtschaft freiwillig gezahltes ‚Kultur-Prozent' des Umsatzes – als nachhaltige Investition in die Gesellschaft oder einen ‚Schul-Soli' für die Sanierung von Schulgebäuden?"

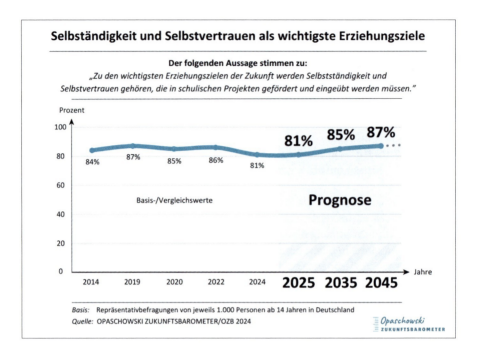

Datenanalyse

Mit Selbständigkeit und Selbstvertrauen wird man nicht geboren. Sie müssen auch in Kindheit und Jugend gelebt werden können. 81 Prozent der deutschen Bevölkerung sind davon überzeugt: „Zu den wichtigsten Erziehungszielen der Zukunft werden Selbstständigkeit und Selbstvertrauen gehören, die in schulischen Projekten gefördert und eingeübt werden müssen." Die Westdeutschen legen mehr Wert darauf (82%) als die Ostdeutschen (77%) und die Frauen achten bei der Erziehung mehr darauf (83%) als die Männer (79%). Für Familien mit Jugendlichen im Haushalt besitzt die Selbständigkeitserziehung höchste Priorität (91%). Bei weiter steigender Lebenserwartung, was auch Hochaltrigkeit und Langlebigkeit zur Folge hat, wird es lebenswichtig, sich selbst zu helfen und nicht auf die Hilfe anderer angewiesen zu sein. Dies erklärt auch, warum sowohl die 50plus-Generation (81%) als auch die 65plus-Generation (81%) der Selbständigkeitserziehung im Leben eine so hohe Bedeutung beimessen. Selbständigkeit im hohen Alter wird eine wichtige Zukunftskompetenz. Vielleicht muss bald Zukunftsfähigkeit als Bildungsziel neu bestimmt und erweitert werden.

Zukunftsprognose

Anfang des 18. Jahrhunderts setzte sich in Deutschland das substantivierte Wort „Selbst" als Umschreibung für die „eigene Persönlichkeit" durch. Dabei kam es zu neuen Wortbildungen wie Selbstbewusstsein und Selbstbestimmung, Selbständigkeit und Selbstvertrauen. Dieser Prozess ist seither richtungweisend für neue Erziehungsziele geworden. In der künftigen Gesellschaft des langen Lebens werden Selbständigkeit und Selbstvertrauen zur ganz persönlichen Herausforderung: Verantwortung tragen, Entscheidungen treffen, als selbständige Persönlichkeit gefordert sein und sich beruflich und privat bewähren können – das wird in Zukunft zu den Top-Lernzielen der Schule gehören müssen. Die nächste Generation kann es sich nicht länger leisten, nach Verlassen der Schule perspektivlos durch's Leben zu stolpern. Die Herausforderungen zwischen beruflichen Einstiegsängsten, ständigen Geldsorgen und persönlichen Bindungsproblemen sind hoch. Persönlichkeiten mit Profil und Charakter müssen Antworten finden auf Fragen wie „Was kann ich und was will ich werden?" Die Bildungskonzepte der Zukunft müssen deshalb gleichermaßen und gleichwertig persönlichkeits- und berufsbezogen sein. Daher wird das Lernen in Projekten eine immer größere Rolle im Lehrplan der Schulen spielen. Solche eigenständigen Bildungsziele müssen regelrecht eingeübt und trainiert werden. Projektlernen soll das bloße Buchlernen ablösen. Die Lehrerrolle bewegt sich zunehmend zwischen Coach und Mentor.

Mit Nachdruck wird in Zukunft dieses neue Selbstverständnis institutionellen Lernens gefördert und gefordert. 2025 werden 81 Prozent der Bevölkerung Projektlernen zur Pflichtaufgabe der Schule zählen, 2035 können es 85 Prozent und 2045 etwa 87 Prozent sein. So kann die Schule zu einem neuen Erprobungs- und Erfahrungsfeld werden, weil das Projektlernen Ernstcharakter hat – vom Ausprobieren über das Sich-Erproben bis zum eigenständigen Handeln. Konzentrations-, Auswahl- und Entscheidungsfähigkeiten werden immer wichtiger.

Mit dem gesellschaftlichen Wertewandel von den Pflicht- zu den Selbstentfaltungswerten ist auch ein Einstellungswandel der Menschen verbunden: In dauerhaft unsicheren Zeiten das eigene Leben mehr selbst in die Hand nehmen können, wird zur neuen Bürgerpflicht

Leiten oder leiten lassen? Auf sich selbst gestellt sein oder nur (ran)gestellt werden? Bootsführer im eigenen Boot oder Mädchen für alles sein? Das sind die ganz persönlichen Fragen an das „Unternehmen Zukunft". Es geht um Lebensunternehmertum, um Learning for Living und um ein erweitertes Verständnis von Bildungswissenschaft als Lebenswissenschaft.

C. DAS OPASCHOWSKI ZUKUNFTSBAROMETER

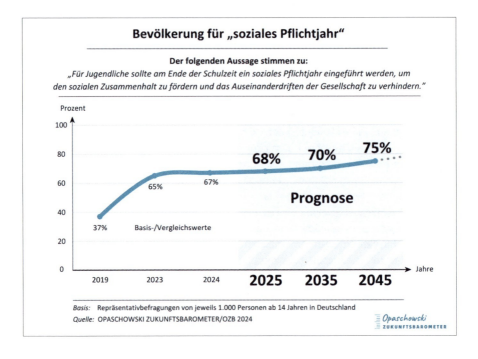

Datenanalyse

In Krisenzeiten erfährt die soziale Pflicht eine veränderte Wertschätzung, weil sie mit Sinn und gesellschaftlicher Anerkennung verbunden ist. Gerade einmal ein gutes Drittel der Bevölkerung (37%) hatte sich im Vorcoronajahr 2019 für die Einführung eines sozialen Pflichtjahrs ausgesprochen. 2024 lag der Zustimmungswert bereits bei 67 Prozent (Frauen: 69% – Männer: 65%; Westdeutsche: 67% – Ostdeutsche: 67%). Die Begründung dafür lautet: „Für Jugendliche sollte am Ende der Schulzeit ein soziales Pflichtjahr eingeführt werden, um den sozialen Zusammenhalt zu fördern und das Auseinanderdriften der Gesellschaft zu verhindern." Vor allem die Elterngeneration der 40- bis 49-Jährigen setzt sich vehement dafür ein (72%), während sich Jugendliche deutlich weniger für eine solche Pflichtaufgabe begeistern können (45%). Eine Kontroverse zwischen den Generationen deutet sich hier an. Auch hinsichtlich des Bildungsgrads sind große Unterschiede feststellbar. Befragte mit Abitur äußern sich zurückhaltender (62%), während fast drei Viertel der Hauptschulabsolventen (73%) für das Pflichtjahr votieren. In anhaltenden Krisenjahren vollzieht sich ein Wandel: Aus sozialer Unlust wird zunehmend eine Bereitschaft zu sozialer Verpflichtung.

Zukunftsprognose

Über den „Pflicht"-Begriff muss in Zukunft neu nachgedacht werden. Die Friedrich dem Großen zugeschriebene Aufforderung, die „verdammte Pflicht und Schuldigkeit zu tun", erfährt in Not- und Krisenzeiten eine neue positive Bedeutungsänderung: Sich selbst in die Pflicht nehmen, eine Aufgabe übernehmen und Verantwortung tragen werden zu Bürgerpflichten neuer Art: Zurückgeben (und nicht nur nehmen) gilt für den zwischenmenschlichen Umgang genauso wie können für die Verpflichtung gegenüber Staat und Gesellschaft. John F. Kennedy hatte dies schon in seiner Antrittsrede zur Amtseinführung des amerikanischen Präsidenten im Januar 1961 zum Ausdruck gebracht: „Frag nicht, was dein Land für dich tun kann, sondern..."

„Frag, was du für dein Land tun kannst ..."

Dies ist inzwischen auch in Deutschland ein gesellschaftliches Anliegen geworden. Es ist kein Zufall, dass sich Bundespräsident Frank-Walter Steinmeier für die Idee eines Pflichtdienstes für junge Menschen stark macht. Er nennt dieses Engagement „Pflichtzeit", um den Selbstbestimmungscharakter zu betonen. Ob nun Pflichtjahr oder Pflichtzeit: Es geht um einen doppelten Gewinn – für den Zusammenhalt der Gesellschaft und für die Persönlichkeitsentwicklung der jugendlichen Schulabgänger. Pflegeeinrichtungen, Krankenhäuser, Technisches Hilfswerk und Umweltorganisationen können davon profitieren, ohne dass die jungen Leute als „Billiglöhner" herhalten müssen. Es kann davon ausgegangen werden, dass der Anteil der Befürworter in den nächsten Jahren weiter steigen wird – von 68 Prozent (2025) über 70 Prozent (2035) bis zu 75 Prozent im Jahr 2045. Diese Drei-Viertel-Gesellschaft wird politischen Druck erzeugen. Auch positiv geht dieser Pflichtgedanke mit einer wachsenden Akzeptanz und damit auch politischen Legitimation des Pflichtjahrs für alle Geschlechter einher.

Das Engagement für die Allgemeinheit wird kein Ausdruck von Selbstlosigkeit sein. Es geht auch um Honorierung – finanziell, sozial und mental. Ganz persönlich kann das soziale Pflichtjahr ein motivationaler Einstieg in Sozialberufe sein, eine Orientierungshilfe für Berufsanfänger und manchmal auch ein zweites Standbein bei der persönlichen Berufswahl. Zudem schafft diese Tätigkeit ein Gefühl von Zusammengehörigkeit auf dem Weg zu einer „Gesellschaft auf Gegenseitigkeit". Dies kann Ausdruck einer sozialen Zeitenwende sein. Man kann es auch Deutschlandpraktikum oder Deutschlandjahr nennen. Zeitweilig dem Land dienen, bevor es lebenslang an das Verdienen geht. Die Verpflichtung zu mehr Gemeinsinn wird zur Zukunftsperspektive für kommende Generationen.

VIII. STAAT. POLITIK. PARTEIEN

Herausforderungen & Chancen

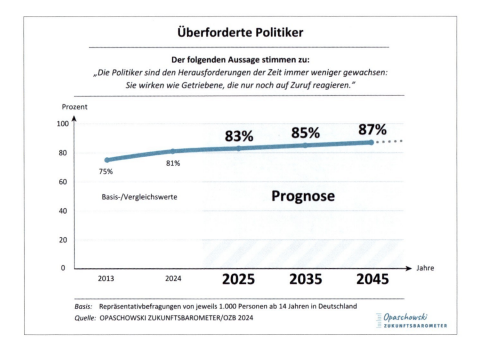

Datenanalyse

Agieren. Taktieren. Lavieren. Verkommt Politik zum bloßen Aktionismus? Sind Politiker überfordert? 81 Prozent der Deutschen verlieren ihren Glauben an die Kompetenz und Fähigkeit der Politiker. Sie sind davon überzeugt: „Die Politiker sind den Herausforderungen der Zeit immer weniger gewachsen: Sie wirken wie Getriebene, die nur noch auf Zuruf reagieren." In dieser Hinsicht stimmen Frauen (81%) wie Männer (80%) weitgehend überein. Ganz anders hingegen die Einschätzung von Familien mit Kindern (89%), die sich am meisten über die Politiker beklagen. Bemerkenswert groß sind die Unterschiede zwischen Ost und West. Ostdeutsche haben eine deutlich negativere Einstellung zu den Politikern (85%) als Westdeutsche (80%). Am wenigsten Anlass zur Klage zeigen die jungen Leute im Alter von 14 bis 24 Jahren (73%). Generell aber ist in der Bevölkerung eine große Unzufriedenheit mit der bisherigen Art der Politiker-Präsentation feststellbar. Die Bühne der Politiker ist immer öfter nur die mediale Öffentlichkeit. Subjektiv entsteht der Eindruck einer Zuschauer- und Zuhörerdemokratie, die von überforderten Politikern regiert wird.

Zukunftsprognose

Eine wachsende Unzufriedenheit der Deutschen mit Politik, Politikern und Parteien ist feststellbar. Die Bevölkerung hat den subjektiven Eindruck, dass es in der Politik mitunter mehr um den eigenen Machterhalt als um das Wohl der Menschen geht. Politiker regieren zudem vielfach am Lebensgefühl der Mehrheitsgesellschaft vorbei und priorisieren Themen von mächtigen Lobbys und lautstarken Minderheiten. Die Bevölkerungsmehrheit aber hat ganz andere Prioritäten und Sorgen: Altersarmut und Gewaltkriminalität, Wohlstandsverluste und unbezahlbaren Wohnraum, Fake News und Einsamkeit. Bei diesen Zukunftsfragen fühlt sich die Bevölkerung weitgehend alleingelassen und an wichtigen Entscheidungsprozessen nicht beteiligt. Es dominiert ein Demokratie-Paradox: Politiker fühlen sich vielfach überfordert und Bürger werden nicht genug auf Augenhöhe gefordert. Die Vertrauensbildung zwischen beiden Gruppierungen sinkt.

Es wächst die Sehnsucht nach Politikerpersönlichkeiten mit menschlichen Zügen: Authentisch, ehrlich und verlässlich

Politiker sollen in Zukunft wieder den Mut haben, aufrichtig und offen zu kommunizieren, auch dann, wenn fertige Problemlösungen noch nicht absehbar sind. Bürgernähe soll gelebt und nicht nur propagiert werden. Für die nahe Zukunft ist absehbar: 2025 werden etwa 83 Prozent der Bevölkerung die Politiker für überfordert halten, 2035 können es 85 Prozent und 2045 um die 87 Prozent sein. In Dauerkrisenzeiten fühlen sich viele Bürger von wichtigen politischen Entscheidungen ausgegrenzt, auch im Hinblick auf die Zumutbarkeit unausgesprochener Wahrheiten. Und je öfter Politiker nur noch reagieren, umso aktiver und offensiver müssen Bürger und Wähler in Zukunft an politischen Entscheidungen beteiligt werden. Bürger wollen wieder mehr mitmischen und in einer direkten Demokratie und nicht nur repräsentativen Demokratie leben. Die Bevölkerung will mehr mitentscheiden können über das, was notwendigerweise getan werden muss. Bürger und Politiker können in Zukunft nicht länger in zwei verschiedenen Parallelwelten leben. Sonst drohen Einigkeit + Recht + Freiheit aus dem Blickfeld zu geraten und Uneinigkeit + Ungerechtigkeit + Unsicherheit in den Mittelpunkt zu rücken. Bürger und Wähler wünschen sich für die Zukunft: Echte Demokratie jetzt! Parteiendemokratie und Bürgerdemokratie sollen enger zusammenrücken. Über eines aber muss sich die Politik im Klaren sein: Wer die Bürger in unsicheren Zeiten ins Boot holt, wird sie in besseren Zeiten nicht mehr vom Steuer verdrängen können.

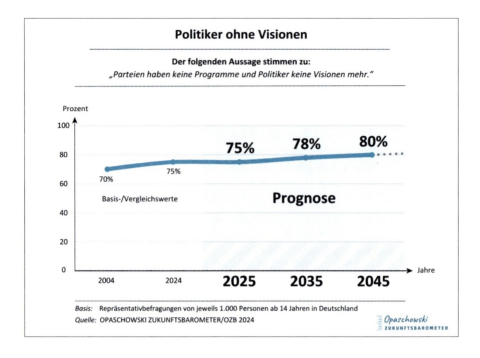

Datenanalyse

Politiker in Deutschland haben kaum noch Visionen. Ihre politische Tätigkeit erschöpft sich meist in Aktionen und Reaktionen. Doch Deutschland braucht Visionen, in denen Entwicklungen vom Ende her gedacht werden. Illusionen kann man sicher zerstören, aber Visionen nie. So gelangen drei Viertel (75%) der deutschen Bevölkerung zu der realistischen Einschätzung: „Parteien haben keine Programme und Politiker keine Visionen mehr." Die Bevölkerung ist sich weitgehend in ihrer Kritik an der Visionslosigkeit der Parteien, die sich immer mehr angleichen und ihr eigenes Profil zunehmend verlieren. In dieser Beurteilung sind sich Frauen genauso einig (75%) wie Männer (75%). Jungwähler von 18 bis 24 Jahren ebenso (75%) wie etwa die Generation 50plus (76%). Die bisherige Krisenpolitik in Deutschland informiert die Bevölkerung darüber, „was gerade noch geht". Die Deutschen wollen jedoch wissen, „wohin es geht". Vermisst werden visionäre Politiker mit der Fähigkeit, die nächsten zwanzig Jahre vorauszudenken.

Zukunftsprognose

Verliert die Politik ihre Kinder? Oder verlieren die Kinder ihre Lust an der Politik? Politiker sind keine moralischen Vorbilder für die nächste Generation mehr. Authentische Verbindungen von Personen und Programmen sind in den letzten Jahren immer seltener zu finden gewesen. Manche Wahl glich einem Lotteriespiel, bei dem jede/jeder ihr/sein Wahl-Los zog. Am Ende war es eigentlich fast egal – egal, wen man wählt und egal, wer regiert oder nicht regiert. Visionslose Politiker machten immer weniger verlässliche Aussagen zur Zukunft. So kann es nicht bleiben, sonst kippt die Stimmung und die Populisten kommen. Wenn die Politik nicht ihre Glaubwürdigkeit verlieren will, muss sie wieder Mut zu Visionen entwickeln – auch in kritischer Distanz zu mancher technologischen Euphorie der Industrie, die meist nur das verkündet, was in Zukunft technologisch alles möglich wäre, statt sich selbst in die gesellschaftliche Pflicht zu nehmen und Voraus-Schau mit Vor-Sorge zu verbinden.

Es kann davon ausgegangen werden, dass auch 2025 drei Viertel der Deutschen Kritik an profil- und visionslosen Politikern und Parteien übt, 2035 können es 78 Prozent und im Jahr 2045 etwa 80 Prozent sein. Die Bürger werden auch dann Zukunftszweifel und den subjektiven Eindruck haben: Politiker und Parteien wollen mitunter gar nicht wissen, was noch alles auf sie zukommt oder zukommen kann.

Natürlich macht die Politik dabei auch die alltägliche Erfahrung: Eine Vision mit zu wenig Innovation langweilt – eine Vision mit zu viel Innovation aber ängstigt.

Visionen beginnen im Kopf – in der Bereitschaft und Fähigkeit, problematische Entwicklungen zu Ende zu denken und das Wünschbare offensiv anzugehen

Die Zukunft kommender Generationen darf nicht weiter auf's Spiel gesetzt werden. Die Politik braucht einen Neuanfang mit Interventionen von heute und Investitionen für morgen. Die Zeitenwende wird auch eine Kehrtwende sein müssen – von der Energie- bis zur Schuldenwende. Vor über dreißig Jahren hatte der Autor 1992 eine „vorausdenkende Verantwortung" für die Politik angemahnt, wenn die Zukunft nicht verspielt werden soll: „Es reicht wohl nicht aus, wenn wir der Generation nach dem Jahr 2000 verkünden: Das haben wir alles schon gewusst – aber keine Antwort darauf geben können: Warum habt ihr denn nichts dafür oder dagegen getan?" (Opaschowski 1992, S. 3) Politiker und Parteien müssen sich, wenn sich wirklich etwas ändern soll, mit den sozialen Bewegungen und Bürgerinitiativen (Fridays-for-Future, Letzte Generation, Me Too, Friedensbewegung u. a.) verbinden.

Datenanalyse

Mit der Pandemie kam 2020 die größte Herausforderung seit dem Zweiten Weltkrieg auf Deutschland zu. Krisenmanagement war in der Politik gefragt. Jetzt ging es nicht mehr nur um die Steigerung von Wachstum und Wohlstand, sondern auch um die Erhaltung und Sicherung der Lebensqualität. Dieser Paradigmenwechsel verunsicherte Politik und Bevölkerung. Zu Beginn der Coronakrise 2020 äußerte sich ein gutes Drittel der Deutschen (35%) kritisch: „Mit dem Krisenmanagement der Regierung bin ich nicht zufrieden." Drei Jahre später hat sich der Anteil der Unzufriedenen fast verdoppelt (66%). Dies trifft insbesondere für die Ostdeutschen zu, die sich deutlich mehr (71%) über das Missmanagement der Regierung in der Krise beklagen als Westdeutsche (65%). Der Zufriedenheitsgrad ist auch vom persönlichen Wohlstandsniveau abhängig. Wer wenig verdient, erwartet von der Regierung mehr Krisenkompetenz und Problemlösungsfähigkeiten. Die Geringverdiener unter 1.500 Euro Haushaltsnettoeinkommen lasten der Regierung am meisten (79%) Missmanagement in Krisenzeiten an. Die Besserverdienenden mit mehr als 2.500 Euro Monatseinkommen berührt dies hingegen deutlich weniger.

Zukunftsprognose

„Wir werden einander viel verzeihen müssen." Mit diesen Worten entschuldigte der ehemalige Bundesgesundheitsminister Jens Spahn seine Fehler und Versäumnisse als zuständiger Politiker während der Coronakrise. Der schier unvorstellbare Shutdown zwischen Abstandsgeboten, Kontaktsperren und Bleib-zu-Hause-Empfehlungen hat die Menschen und die Gesellschaft verändert und verunsichert, wofür sich Politiker zu Recht verantwortlich fühlen. Missmanagement in der Politik produziert Missstimmung in der Bevölkerung. Man kann nicht eine neue Fortschrittspolitik versprechen und gleichzeitig nationale Notlagen verkünden und vorschnell Notbremsen ziehen. Die Folge: Viele Bürger sind enttäuscht und fühlen sich getäuscht.

Wenn die Dauerkrisenzeiten so anhalten, wird ein wachsender Teil der Bevölkerung die Regierung zum ‚Sündenbock' machen wollen. Es ist davon auszugehen, dass 2025 über drei Viertel der Bevölkerung mit der Regierungsarbeit nicht zufrieden sein werden, weil sie Überforderung in der Politik befürchten. 2035 können sich 70 Prozent und 2045 75 Prozent der Bevölkerung im Lager der Unzufriedenen aufhalten.

Politiker müssen eine strategische Vorausschau leisten und frühzeitig Worst-Case- und Best-Case-Szenarien durchspielen können, um gegen Krisen und ihre Folgen gewappnet zu sein

Was passiert, wenn nichts passiert? Postdemokratische Entwicklungen können sich in der nahen Zukunft verstärken, die den Kernbereich der realen Politik immer kleiner werden lassen. Zugleich verlagert sich damit das Interesse der Bürger weg von der Parteienpolitik. Wenn Politiker nach Meinung der Bevölkerungsmehrheit das Allgemeinwohl aus den Augen verlieren, verlieren sie auch den Rückhalt in der Bevölkerung. Die Enttäuschungserfahrungen häufen sich. Die Kritik an Politik und Politikern wächst weiter. „Politikverdrossenheit" war einmal das Wort des Jahres 1992. Wird „Politikerverdrossenheit" das Wort der nächsten Jahre werden, weil die Bürger vielen Politikern nicht mehr trauen und sich von ihnen nicht mehr glaubwürdig vertreten fühlen? Immer notwendiger wird eine Doppelqualifikation der Politiker zwischen Krisenfestigkeit und Zukunftsfähigkeit. Nur so lassen sich praktikable Lösungsvorschläge von Klimawandel und Pandemien, Energie- und Datenunsicherheiten finden. Ausblick: Weltweit stockt die Demokratisierungsbewegung. Immer mehr Menschen vertrauen autoritären oder populistischen Versprechungen. Wo sind die Politiker und Parteien, die sich glaubhaft diesen Entwicklungen vehement entgegenstemmen und dafür Sorge tragen, dass der Vertrauensschwund nicht zum Legitimationsschwund mit kaum vorhersehbaren Folgen wird?

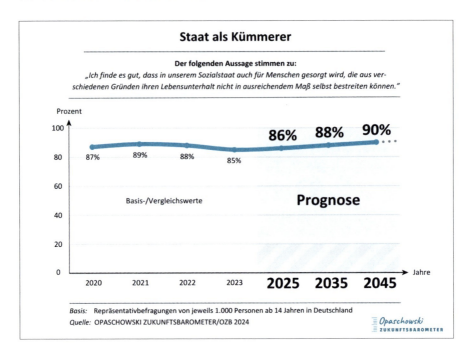

Datenanalyse

Seitenwechsel, nicht Stimmungswechsel ist in Deutschland angesagt. Trotz großer Unzufriedenheit mit der Krisenbewältigung der Politiker wird der „Staat als Kümmerer" hoch geschätzt. Während der Corona-Krisenjahre von 2020 bis 2023 stellten die Bürger dem Staat ein außergewöhnlich positives Zeugnis aus. 85 Prozent der Bevölkerung fanden und finden es gut, „dass in unserem Sozialstaat auch für Menschen gesorgt wird, die aus verschiedenen Gründen ihren Lebensunterhalt nicht in ausreichendem Maß selbst bestreiten können". Der (Sozial-)Staat strahlt soziale Wärme aus und nimmt das Prinzip der sozialen Gerechtigkeit sehr ernst. Besserverdienende mit über 2.500 Euro Haushaltseinkommen wissen die Fürsorge des Sozialstaats ebenso zu schätzen (84%) wie Geringverdienende mit einem monatlichen Einkommen unter 1.500 Euro (84%). Einhellig wird die soziale Seite des Staats auch bei den älteren Generationen begrüßt – jeweils 84 Prozent Zustimmung bei der 50plus-, der 65plus- und der 80plus-Generation. Fürsorge, Vorsorge und soziale Gerechtigkeit werden bei allen Bevölkerungsgruppen in Deutschland als besondere Stärke hervorgehoben. Der Sozialstaat bewährt sich in der Krise.

Zukunftsprognose

Der Sozialstaat in Deutschland hat in den Dauerkrisenzeiten der letzten Jahre seine Bewährungsprobe bestanden. Mit großer Mehrheit und Eindeutigkeit betont die Bevölkerung die bisherige Wirksamkeit des Sozialstaatsprinzips. Die Dauerkrise ist fast zur Chance für eine fürsorgende Politik geworden. Die Befragungsergebnisse lassen auf ein hohes Vertrauen in „unseren Sozialstaat" schließen. In den nächsten Jahren wird auch bei weiter unsicheren Zeiten die „gute" Meinung der Bevölkerung erhalten bleiben. 2025 werden 86 Prozent der Deutschen zuversichtlich sein, dass der Sozialstaat verlässlich für Bedürftige sorgt. 2035 können es 88 Prozent und 2045 gar 90 Prozent der Bevölkerung sein. Vertrauen, Verantwortung und Verlässlichkeit sorgen auch in Zukunft für einen starken Sozialstaat.

Der Sozialstaat wankt nicht. Der Sozialstaat kippt nicht.
Der Sozialstaat garantiert sozialen Frieden in Deutschland

Die politische Agenda für die nächsten zwanzig Jahre lautet: Der Sozialstaat nimmt seine Pflicht zur Daseinsvorsorge sehr ernst. Er schützt die Bürger vor sozialer Not, vor Armut, Arbeits- und Wohnungslosigkeit. Jede Krise wird für den Sozialstaat zur Probe auf die Menschlichkeit. Der Staat lässt nicht zu, dass die Starken die Schwachen verdrängen oder zu Verlierern und Versagern degradieren. In Krisenzeiten ist der Sozialstaat leistungsfähig und nicht überfordert. Er verleiht manchen Existenzgründern Flügel für das Berufsleben und wird bei Existenzproblemen geradezu zum Rettungsschirm.

Und schließlich profitiert auch die Wirtschaft vom Sozialstaat – vom Kurzarbeitergeld bis zu Staatskrediten Die Wirtschaft wird dem Sozialstaat – nach den Dauerkrisenzeiten – wieder etwas zurückgeben und Gegenleistungen erbringen müssen. „Gemeinwohlökonomie" muss auf die Agenda von Wirtschaft und Politik. Was geben in Zukunft eigentlich die Gewinner der Krisenzeiten – die Online-Dienste, Bau- und Supermärkte – freiwillig an die Gesellschaft zurück? Wo bleibt ihr Soli-Beitrag für Solo-Selbständige und Klein-Unternehmer? Unternehmerisch denken und sozial handeln können nicht länger Gegensätze sein. „Social Entrepreneurs", gemeinwohlorientierte Unternehmer, werden in Zukunft, in der alle mehr auf einander angewiesen sind, zu einem neuen Leitbild der Wirtschaft werden, weil Gewinn und Gemeinwohl zusammengehören. Die Dauerkrise bringt es an den Tag. Es entsteht ein Gefühl von Zugehörigkeit, Verbundenheit und Gemeinsamkeit. Staat UND Bürger übernehmen Verantwortung für die weitere gesellschaftliche Entwicklung. Die Zukunft kann zur Chance für einen neuen Staat-Bürger-Dialog werden.

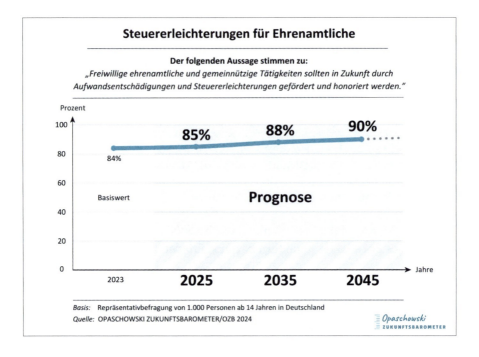

Datenanalyse

Gebraucht und nicht ausgenutzt werden, ist für die überwiegende Mehrheit der Deutschen die Voraussetzung für ehrenamtliches Engagement. Eine solche freiwillige soziale Tätigkeit „kostet" schließlich Zeit – und bringt kein Geld. Trotzdem sind 84 Prozent der Bevölkerung zum sozialen Engagement bereit, knüpfen dieses Versprechen allerdings an die Bedingung: „Freiwillige ehrenamtliche und gemeinnützige Tätigkeiten sollten in Zukunft durch Aufwandsentschädigungen und Steuererleichterungen gefördert werden." Für die Realisierung dieser Forderung machen sich vor allem die Selbständigen und Freiberufler (93%) stark. Sie wollen nicht das Gefühl haben, dass ihr Zeitaufwand für die Freiwilligenarbeit wenig wert ist und sie sich fast ausgebeutet fühlen müssen. Sie wollen sich schon freiwillig für die Gesellschaft nützlich machen, aber dieses Engagement auch entsprechend gewürdigt bekommen. Dies erklärt auch die höheren Ansprüche der Westdeutschen (85%), während Ostdeutsche bei Hilfsbereitschaften weniger (80%) an Aufwandsentschädigungen und Steuererleichterungen denken. Anders sieht es bei Geringverdienern aus, von denen 89 Prozent ihr soziales Engagement auch monetär honoriert bekommen wollen.

Zukunftsprognose

Ehrenamtliche haben zu lange unter dem Manko des Nichtmonetären leiden müssen. Sie erbrachten Leistungen, standen aber nicht im Dienst ökonomischer Verwertbarkeit. Was war ihre unbezahlte Arbeit schon wert? Sie schufen soziale Werte, die aber nicht käuflich waren. Ihr Hauptlohn war nicht das Geld, sondern die Stärkung des Selbstwertgefühls. In Zukunft wird das Ehrenamt zur Ehrensache. Nicht das Engagement ist dabei gefährdet, sondern das „Amt". Wer will sich schon dauerhaft freiwillig in die Pflicht nehmen lassen? Hauptamtliche gelten vielfach als Spaßverderber für freiwillig Engagierte. Was künftig zum sozialen Engagement motiviert, wird eine Mischung aus „Tu was" und „Mach mit" sein müssen.

Die ‚Vereinsmeierei' ist tot, die hierarchische Struktur in Initiativen auch. Gefragt sind in Zukunft spontane Mitmach-Aktionen auf Augenhöhe mit sozialem Anspruch und Ernstcharakter

Bemerkenswert hoch ist in der Bevölkerung der Wille ausgeprägt, anderen helfen zu wollen. 2025 werden 85 Prozent der Deutschen die Forderung erheben, soziales Engagement in Deutschland mehr zu fördern und zu honorieren. 2035 können es 88 und 2045 bis zu 90 Prozent sein. Die „Honorierung" des sozialen Engagements muss in Zukunft materiell und immateriell erfolgen können. Im Mittelpunkt werden freiwillige soziale Zusatzleistungen sein, die als „Zertifikate" auf schulischen Zeugnissen vermerkt, nicht aber benotet werden. Wenn „Ehren" und „Amt" keine Worthülsen sein sollen, dann müssen Aufwand und Mühe von Gesellschaft und Politik angemessen honoriert werden. Dabei können öffentliche Ehrungen, Ehrentitel oder Ordensverleihungen ebenso attraktiv sein wie Honorierungen mit materiellem Charakter – vom Steuerfreibetrag und der Verdienstausfallregelung über finanzielle Vergünstigungen bei der Benutzung öffentlicher Verkehrsmittel bis zum freien Eintritt in öffentliche Kultureinrichtungen (z. B. Museen).

Wer heute Geld für gute Zwecke spendet, bekommt vom Staat steuerliche Vorteile eingeräumt. Folgerichtig muss es in Zukunft heißen: Wer sich ehrenamtlich engagiert und freiwillige Dienste für die Gemeinschaft leistet, muss auch steuerlich entlastet werden, wozu auch Aufwandsentschädigungen gehören. Jugendliche wissen zudem die besonderen Erfolgserlebnisse zu schätzen: Freunde gewinnen, neue Lebenserfahrungen machen und öffentliches Lob für genauso wichtig halten wie Belohnung durch Geld. Wer eine neue Kultur des Helfens in Krisenzeiten erwartet, muss auch bereit sein, eine neue Gratifikation des Helfens zu schaffen.

C. DAS OPASCHOWSKI ZUKUNFTSBAROMETER

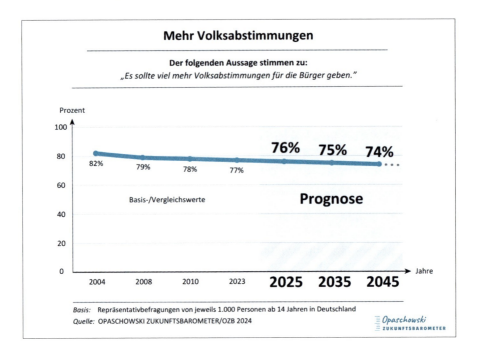

Datenanalyse

Zehntausende demonstrierten im Frühjahr 2024 in mehreren deutschen Städten gegen Rechtsextremismus. Es waren die seit Jahren größten Demonstrationen in Deutschland. Die Unruhe und der Wille zum öffentlichen Protest kündigten sich allerdings schon länger an. Zwischen 77 und 82 Prozent lag der Protest-Anteil in der Bevölkerung, der sich in den letzten Jahren mit bloßen Bundestagswahlen alle vier Jahre nicht mehr zufrieden gab und gibt und lautstark fordert: „Es sollte viel mehr Volksabstimmungen für die Bürger geben." In unsicheren Zeiten wächst der Sinn für Gemeinsinn und gemeinsame Initiativen. Die Erfolge der Fridays-for-Future-Bewegung und die bundesweiten Bauernproteste erklären auch, warum sich die junge Generation im Alter von 14 bis 24 Jahren (82%) und die Landbevölkerung (85%) so vehement für mehr Volksabstimmungen einsetzen. Sie wollen ernsthafter und folgenreicher Gehör in der Öffentlichkeit finden. Großdemonstrationen finden zwar oft in Großstädten statt, die Großstädter selbst sind jedoch deutlich weniger (76%) an Volksabstimmungen interessiert. Für die überwiegende Mehrheit der Bevölkerung aber gilt: Sie wollen ihre Interessen in Politik und Gesellschaft stärker berücksichtigt wissen.

Zukunftsprognose

Die Politik muss in Zukunft den Spagat zwischen Bürgerdemokratie und repräsentativer Demokratie wagen. In Volksabstimmungen spiegelt sich schließlich das wider, was die Bevölkerung gerade bewegt oder was in der Politik vorrangig entschieden oder getan werden muss. Wenn es in Zukunft mehr Volksabstimmungen geben sollte, werden Parteien keineswegs entmachtet, sondern lediglich daran erinnert, was ihr politischer Auftrag im Sinne von Artikel 21 des Grundgesetzes ist: „Die Parteien wirken bei der politischen Willensbildung des Volkes mit." Bei der Forderung der Bevölkerung nach mehr Volksabstimmungen geht es um größere Eigenverantwortung der Bürger, die mitentscheiden wollen, was getan werden muss, die Antriebsmotor für gesellschaftliche Veränderungen sein und die Gesellschaft menschlicher gestalten wollen. Es deutet sich eine Wiederbelebung der Partizipationsideale der Siebzigerjahre an, allerdings existentieller begründet: Aus Angst vor dem Zerfall der Gesellschaft, weil die soziale Infrastruktur von der Kinderbetreuung bis zur Altenpflege immer größere Lücken aufweist.

In Zukunft werden die Befürworter von Volksabstimmungen mit erheblichem Widerstand von Politikern und Parteien rechnen müssen, die sich Sorgen um einen möglichen Machtverlust machen. So gesehen wird es in naher Zukunft keine explosive, eher eine stagnierende Entwicklung geben. 2025 werden gut drei Viertel der Bevölkerung (76%) nach mehr Volksabstimmungen rufen, 2035 können es etwa 75 Prozent und 2045 sogar nur 74 Prozent sein. Es ist ein Prozess, für dessen Erfolg eine aktivierende Kommunalpolitik Voraussetzung ist.

Ohne eine aktivierende Kommunalpolitik wird der Bevölkerungswunsch nach mehr Volksabstimmungen nicht Wirklichkeit werden

Aktivierende Kommunalpolitik muss sich auf ein Leben in sozialer Sicherheit konzentrieren. Sie muss sich für Wirtschaftsförderung und Quartiermanagement verantwortlich fühlen, um durch eine Vielfalt an Bleibeanreizen Stadtflucht zu verhindern. Aktivierende Kommunalpolitik lebt von den drei Standortfaktoren Lohnwert, Wohnwert und Freizeitwert. Nicht autonome Autos, intelligente Kühlschränke und 3D-Drucker werden das Alltagsleben in den nächsten zwanzig Jahren grundlegend prägen, sondern Baugemeinschaften und Mehrgenerationenhäuser, Nachbarschaftshilfen und Helferbörsen. Tante-Emma-Läden kehren in die Wohnquartiere zurück, weil die älter werdende Bevölkerung mehr in Wohnungsnähe als auf der grünen Wiese einkaufen will.

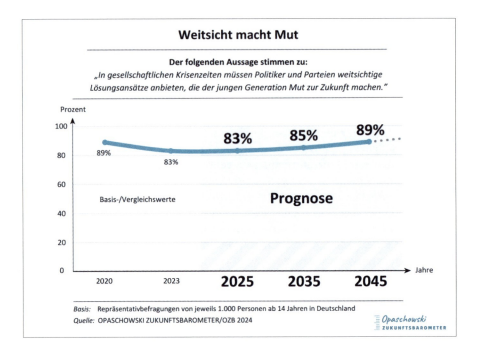

Datenanalyse

Aus Zukunftsvergessenheit soll Zukunftshunger werden. Die Politik muss mutiger werden und Ad-hoc-Lösungen zwischen Sparvorgaben und Reformdefiziten durch nachhaltige Zukunftsentwürfe ersetzen. Die Deutschen nehmen die Politik in die Pflicht und fordern: „In gesellschaftlichen Krisenzeiten müssen Politiker und Parteien weitsichtige Lösungsansätze anbieten, die der jungen Generation Mut zur Zukunft machen." Das erwarten 83 Prozent der Bevölkerung. Andernfalls droht Politik als Daseinsvorsorge zu versagen. Die Schwächsten der Gesellschaft, die Geringverdiener unter 1.500 Euro Haushaltsnettoeinkommen, melden hierbei die dringendsten Ansprüche an. 93 Prozent von ihnen erinnern die Politik an ihre Zukunftspflicht „Weitsicht". Politiker und Parteien sind hier gleichermaßen gefordert. Das sehen auch Befragte mit Abitur und Hochschulabschluss (86%), die junge Generation im Alter von 18 bis 34 Jahren (84%) sowie Singles (85%) so. Erst bei den 40- bis 49-Jährigen, die sich im besten Alter befinden, erlahmt das Interesse, die Politik an ihre Verantwortung zu erinnern. Letztlich geht es um die Einlösung des Versprechens zu einer generationengerechten Daseinsvorsorge und nicht nur um bloße Ruhigstellung.

Zukunftsprognose

Ein schnelles Auto, das nachts mit hoher Geschwindigkeit durch eine unbekannte Gegend fährt, muss mit starken Scheinwerfern ausgestattet sein. Alles andere wäre Wahnsinn und unverantwortlich. In Zeiten wachsender Beschleunigung muss die Politik auf Sicht und mit Weitsicht in die Zukunft fahren. Was die Weitsicht beim Autofahren ist, gilt gleichermaßen für das politische Handeln mit teilweise „weit"-reichenden Folgen für die Zukunft. Eine Politik, die Weichen in die Zukunft stellt, muss Vorausschau leisten, um Einfluss auf die künftige gesellschaftliche Entwicklung nehmen zu können. Das ist die Zukunftsfähigkeit, die die Bürger von den Politikern erwarten. Das Problem: Fast alles, was über den Zeitrahmen einer Legislaturperiode hinausreicht, wird in Regierung und Opposition nicht selten als unbewiesen, unbrauchbar oder als spekulativ wertlos denunziert. Zu groß ist die Angst vor Bloßstellung und Enttarnung, denn mit jedem weitsichtigen Zukunftsentwurf ist auch eine Kritik am Bestehenden verbunden. Das verunsichert Politiker und Parteien. Im Interesse der nachkommenden Generation müssen Politiker und Parteien dennoch ihre Zukunftsangst und Zukunftsblindheit überwinden. Schließlich ist ein Einstellungswandel in der Bevölkerung erkennbar. Wenn sich heute schon 30-Jährige um ihre Zukunftssicherung ernsthafte Sorgen machen, dann kann sich auch die Politik nicht länger ihrer Zukunftsverantwortung entziehen. Sie muss einfach mehr Zukunft wagen. 2025 werden 83 Prozent der Bevölkerung von der Politik mehr Mut zur Zukunft fordern, 2035 können es 85 Prozent und 2045 etwa 89 Prozent sein. Mutlosigkeit wird von den Wählern nicht länger akzeptiert und honoriert.

Politiker und Parteien müssen in Krisenzeiten durch weitsichtige Lösungsansätze für die Zukunft zu Verlässlichkeitspartnern der Bevölkerung werden

In unsicheren Zeiten ist Verlässlichkeit ein Leitbild für den mitmenschlichen Umgang geworden. Auch Politiker und Parteien werden sich in ihren Aussagen und Versprechen davon leiten lassen müssen. Die Politik muss also weitsichtige Zukunftsorientierungen leisten – über Konzepte und Programme, Verlautbarungen und Veröffentlichungen, öffentliche Reden und symbolträchtige Handlungen. Damit verbunden ist die Bereitschaft, die Zukunft menschlich zu gestalten, den Status quo nicht nur zu verwalten, sondern auch Strategien für eine lebenswerte Zukunft zu entwickeln. Die Vorausschau muss wissenschaftsbasiert sein und Dialogbereitschaft mit Forschung und Wissenschaft signalisieren. Wenn die Politik ihren Zukunftshunger in Form von Weitsicht unter Beweis stellt, wird auch die Bevölkerung weniger Zukunftssorgen haben.

IX. SELBSTHILFE. ENGAGEMENT. GESELLSCHAFT

Herausforderungen & Chancen

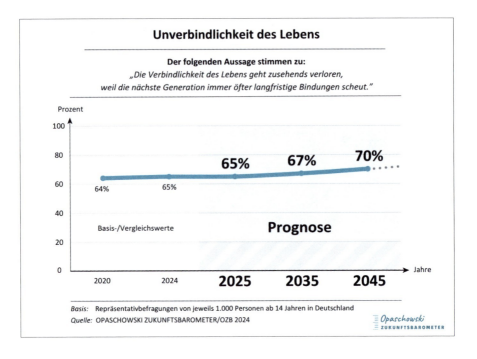

Datenanalyse

Eine Gesellschaft schwacher Bindungen entsteht. Die nächste Generation wird prosozialer, aber bindungsscheuer. Es wird immer weniger Wert auf Verbindlichkeit gelegt. Zwei Drittel der Deutschen (65%) sind davon überzeugt: „Die Verbindlichkeit des Lebens geht zusehends verloren, weil die nächste Generation immer öfter langfristige Bindungen scheut." Westdeutsche kritisieren dies genauso (65%) wie Ostdeutsche (65%). Das gesamtdeutsche Urteil lautet: Die Unverbindlichkeit des Lebens nimmt zu. Frauen sehen dies kritischer (68%) als Männer (63%). Insbesondere die Großstädter bekommen die Gesellschaft schwacher Bindungen deutlich mehr zu spüren (68%) als Bewohner im ländlichen Raum (58%). Ziemlich gelassen sieht das hingegen die junge Generation von 14 bis 24 Jahren. Gerade einmal 47 Prozent der Jugendlichen betrachten dies als eine besondere Herausforderung für die Zukunft. Mit zunehmendem Lebensalter ändert sich jedoch die Sichtweise. Schon die Elterngeneration im Alter von 25 bis 49 Jahren sorgt sich um das soziale Zusammenleben (64%). Und für 70 Prozent der 50plus-Generation wird eine bindungsscheue Gesellschaft den Zusammenhalt in der Zukunft gefährden.

Zukunftsprognose

Mit dem Klick im Netz gewinnt die junge Generation ganz schnell „Freunde" – durch eine neue Unverbindlichkeit. Die Bindungsfähigkeit wird zum Schlusslicht in der persönlichen Werteskala. Der wahrnehmbare Trend zur Bindungslosigkeit ist auch eine Folge langer Ausbildungsphasen, unsicherer Jobs, von mehr Zeitverträgen und häufigen Arbeitsplatzwechseln. Wer will sich schon in unsicheren Zeiten fest oder gar „für's Leben" binden? Die nächste Generation wird infolgedessen immer weniger in einer festen Beziehung leben, was in Alltag und Beruf zu Lasten von Verlässlichkeit geht. Der Mut zu langfristigen Bindungen wird sinken, während neue Beziehungs- und Partnersehnsüchte immer größer werden. Gehört die Zukunft einer flexiblen Gesellschaft von Driftern, die kaum mehr berechenbar ist?

In einer flexiblen Gesellschaft ohne Bindungen und Verpflichtungen droht der soziale Kitt verlorenzugehen

Jede Gesellschaft braucht ein Mindestmaß an Zusammengehörigkeit. Derzeit deutet viel darauf hin, dass sich die auf Flexibilität ausgerichtete Gesellschaft weiter ausbreitet. 2025 werden zwei Drittel der Bevölkerung weiterhin langfristige Bindungen scheuen, 2035 können es 67 Prozent und im Jahr 2045 sogar 70 Prozent der Bevölkerung sein. Bindungslosigkeit kann zum Merkmal des digitalen Zeitalters werden, in dem sporadische Aktivitäten und Initiativen auf Zeit dominieren. Kosten-Nutzen-Rechnungen werden den Alltag in Berufs- und Privatleben bestimmen: Was bringt mir das? Die nächste Generation wird mit einer neuen Tugend der Wandlungsfähigkeit aufwachsen, was auch Prinzipienlosigkeit bedeuten kann – heute so und morgen so. Ständiger Aufbruch am Nullpunkt. Das ist totale Flexibilität – ganz im Sinne der von dem amerikanischen Soziologen Richard Sennett frühzeitig (1998) vorausgesagten Gesellschaft von Driftern. Kollaps? Kipp-Punkt? Erosion? Vieles ist in Zukunft möglich. Wenn die Verbindlichkeit des Lebens verloren zu gehen droht, wie dies die überwiegende Mehrheit der deutschen Bevölkerung befürchtet, dann muss die Schlüsselfrage gesellschaftlichen Zusammenlebens neu gestellt werden: Wird die Unverbindlichkeit das, was die Menschen dann noch miteinander verbindet? Entsteht gar eine neue Generation von Krippenkindern mit hohem Selbständigkeitsgrad und geringer Bindungsfähigkeit? Wenn die unter Dreijährigen vermehrt in Tages-, Wochen- und Saisonkrippen ohne feste Bezugspersonen aufwachsen, dann wird dies nicht folgenlos bleiben können. Die Frage ist offener denn je: Kann Beliebigkeit statt Beständigkeit ein lebenswertes Modell für die Zukunft sein? Nicht die Lebensweise der nächsten Generation ist zu kritisieren, sondern die Gesellschaft, die sie so aufwachsen lässt.

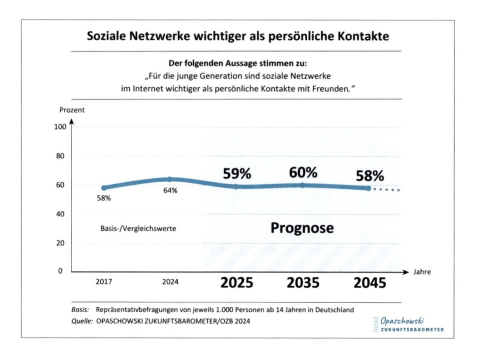

Datenanalyse

Es klingt wie ein Klischee – und ist doch ein Teil der sozialen und medialen Wirklichkeit in Deutschland. 2017 waren 41 Prozent der Jugend im Alter von 14 bis 24 Jahren der Ansicht: „Für die junge Generation sind soziale Netzwerke im Internet wichtiger als persönliche Kontakte mit Freunden." Aus der Minderheit von damals ist sieben Jahre später im Jahr 2024 eine Mehrheit geworden. 55 Prozent der jungen Leute bestätigen jetzt die Trendwende: Statt persönlicher Treffen mit Freunden geben Dates im Internet den Ton an. Die Jugend steht mit ihrem Einstellungswandel nicht allein. Auch die Gesamtbevölkerung bestätigt diesen Verhaltenswandel (2017: 58% – 2024: 64%) bei der Jugend. Zwischen den einzelnen Bevölkerungsgruppen gibt es weitgehende Übereinstimmungen. Westdeutsche registrieren die Veränderung genauso (64%) wie Ostdeutsche (64%). Auch zwischen Frauen (64%) und Männern (63%) gibt es keine signifikanten Unterschiede. Die nächste Generation rast mit Handy, Laptop und PC durch ihre Kindheit und Jugend. Für persönliche Freundestreffen außer Haus bleibt immer weniger Zeit – insbesondere in ländlichen Regionen. Landbewohner haben weniger als Großstädter Ablenkungen vor Ort, machen dafür am meisten (75%) von Netzkontakten Gebrauch. Für alle Bundesbürger aber gilt: Das Internet prägt zunehmend ihren Lebensstil.

Zukunftsprognose

Der Hightech-Typ der Zukunft hält sich für unbegrenzt beschleunigungsfähig. Orte und Optionen lassen sich ebenso schnell auswechseln wie Partner und Freunde. Eine durchdigitalisierte Welt hat einen durchdigitalisierten Lebensalltag zur Folge. Technologisch ist fast alles möglich, doch die Fähigkeiten der Menschen hinken nicht selten hinterher. In Zukunft werden viele durch ihr Leben zappen wie heute schon durch die Fernsehkanäle. Lästige Gesprächspartner können weggezappt werden wie nervige Werbesendungen im Fernsehen. Loyalität, Treue und Verpflichtung verlieren an moralischem Wert. Mit dem Einzug der Medienvielfalt in den Alltag geht auch zunehmend die Gesprächsintensität in den eigenen vier Wänden verloren. Aus Kommunikation wird Compunikation. Die neuen Compunikatoren sind aktive Nutzer und passive Zuschauer zugleich, User und Viewer, also „Viewser". Diese neue Generation der Viewser pflegt weniger Face-to-Face-Kontakte mit persönlichen Bezügen. 2025 werden etwa 59 Prozent der Bevölkerung in Deutschland soziale Netzwerke für wichtiger halten als persönliche Kontakte. 2035 können es 60 Prozent sein. Für 2045 ist zu vermuten, dass bei den Menschen eine Rückbesinnung einsetzt und sie sich bewusst werden, dass sie medial zwar kontaktreicher, aber bezugsärmer leben. Sie werden sich wieder mehr eine Verknüpfung der persönlichen Beziehungen wünschen und die Bedeutung der sozialen Netzwerke für sich zu relativieren und reduzieren versuchen (58%).

Echte Freundschaftsbeziehungen pflegen und leben wartet im digitalen Zeitalter auf eine Renaissance und ersetzt dann das Oberflächliche und Schnelllebige virtueller Kontakte durch mehr individuelle und soziale Beständigkeit. Eine neue Lust auf Beständiges wird möglich.

Das wirkliche Leben („Real Life") wird nicht sterben, muss sich aber immer mehr gegen die Welt der virtuellen Kommunikation und Kontakte behaupten

Im KI-Zeitalter wird allerdings die Computerindustrie nicht freiwillig das Feld räumen wollen. Die Industrie wird weiterhin versuchen, insbesondere Kindern und Jugendlichen Zeit zu stehlen, Langeweile zu verhindern und „Ersatz"-Angebote für Outdoor-Unternehmungen mit Freunden zu machen. Über die Schutzbedürftigkeit der nächsten Generation @ wird neu nachgedacht werden müssen, vor allem gegen die Verbreitung des digitalen Glaubensbekenntnisses: „Das Netz bin ich."

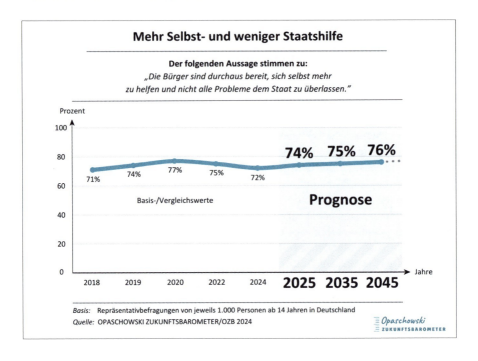

Datenanalyse

In den vergangenen Wohlstandszeiten war ‚Vater Staat' in der Regel immer da, wenn man ihn brauchte: Der Staat wird's schon richten! Daran hatte sich jahrzehntelang eine Anspruchshaltung entwickelt, die sich Staat und Bürger in Dauerkrisenzeiten nicht mehr leisten können und auch nicht mehr wollen. 72 Prozent der deutschen Bevölkerung sind davon überzeugt: „Die Bürger sind durchaus bereit, sich selbst mehr zu helfen und nicht alle Probleme dem Staat zu überlassen." Die überwiegende Mehrheit der Deutschen will von einer staatlichen Rundumversorgung wenig wissen und selbst stärker gefordert sein, wenn man sie nur lässt – zumindest auf den ersten Blick. Denn die Ostdeutschen wollen von mehr Selbst- und weniger Staatshilfe deutlich weniger wissen (62%) als die Westdeutschen (75%). Die deutsche Teilung spiegelt sich in der Inanspruchnahme staatlicher Leistungen wider. Überraschend hoch ist der Anteil der Ruheständler (79%), der großen Wert auf Eigenständigkeit legt und nicht von staatlichen Sozialleistungen abhängig werden will. Groß ist auch die Bereitschaft von Familien mit Kindern (79%), durch Eigenleistungen den Staat zu entlasten, während sich Singles (68%) dabei merklich zurückhalten.

Zukunftsprognose

In den Wohlstandszeiten der achtziger und neunziger Jahre, in denen sich der Individualismus ausbreiten konnte, wurden soziale Erosionserscheinungen in Deutschland erwartet. Es gab immer weniger klassische Sozialkarrieren, bei denen Mitgliedschaften, Ämter und Funktionen in Organisationen und Institutionen von den Eltern an die Kinder weitergegeben wurden. Zeitlich befristete Engagements ohne Verbindlichkeit waren gefragt. In den Dauerkrisenzeiten der letzten Jahre setzte ein Umdenken ein. Der Gedanke des Aufeinander-Angewiesenseins verstärkte sich. Aus der Not heraus entwickelte sich eine neue Gemeinschaftskultur auf Gegenseitigkeit. Die Bürger sind wieder mehr gefordert und der Staat beschränkt sich auf die Rolle des Förderers, der mehr auf die Selbsthilfe und die Eigeninitiative der Bürger setzt. Der Staat verliert dabei zwar an Macht, Einfluss und Kontrolle, öffnet sich aber mehr dafür, Verantwortung zu teilen und gesellschaftlich relevante Bereiche vom Klimaschutz bis zur Sozialfürsorge mehr in den Verantwortungsbereich der Bürger zu übertragen. Geteilte Verantwortung von Staat und Bürgern wird zur erfolgreichen Krisenhilfe.

In den nächsten Jahren werden drei Viertel der Deutschen mehr selbst zum Problemlöser werden und sich in die Pflicht nehmen lassen. Ein annähernd gleichmäßiger Anteil der Bevölkerung (2025: 74% – 2035: 75% – 2045: 76%) wird sich zeitweilig für den „Dritten Sektor", den Non-Profit-Bereich der Gesellschaft, engagieren.

Für sich selbst sorgen, um anderen nicht zur Last zu fallen, wird in Krisenzeiten zum neuen Selbsthilfeideal

Aus Sorge um die persönliche Ausgrenzung und auch aus Angst vor dem Zerfall der Gesellschaft heißt es mehr Eigenvorsorge und Eigenverantwortung, um sich in unsicheren Zeiten behaupten zu können. Zusätzlich werden sich in Zukunft private Hilfenetzwerke ausbreiten – von Selbsthilfekontaktstellen bis zu Mehrgenerationenhäusern und Freiwilligenagenturen. Für das Gemeinwohl werden sich viele mitverantwortlich fühlen müssen. Und am Ende wird der Staat auch noch Geld sparen können, wenn er die Bürgerselbsthilfe als gleichwertigen Partner auf Augenhöhe anerkennt. Der Kollaps des Gemeinwesens („collaps of community") findet nicht statt. Der zur Jahrtausendwende angekündigte Wertewandel vom „bowling alone" zum „bowling together" (Putnam 2000) wird zunehmend Wirklichkeit. Jeder schiebt in Zukunft seine Kugel nicht mehr allein.

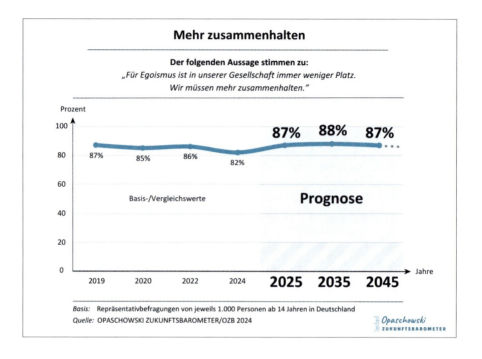

Datenanalyse

In unsicheren Zeiten wollen die Menschen zusammenrücken, um Zusammenhalt zu finden. Gut acht von zehn Bundesbürgern (2024: 82%) gelangen zu der Erkenntnis: „Für Egoismus ist in unserer Gesellschaft immer weniger Platz. Wir müssen mehr zusammenhalten". Diese Aufforderung klingt wie eine Bürgerpflicht, weil die Freiwilligkeit des Tuns offensichtlich an ihre motivationalen und sozialen Grenzen stößt. Frauen mahnen dies mehr an (85%) als Männer (80%), Westdeutsche (83%) mehr als Ostdeutsche (79%). Hohe moralische Ansprüche (82%) stellt insbesondere die Elterngeneration im Alter von 25 bis 49 Jahren. Auch mit dem Bildungsgrad wird der Ruf lauter. Befragte mit Abitur und Hochschulabschluss kritisieren den Egoismus mehr (85%) als Hauptschulabsolventen (78%). Auch zwischen Stadt und Land gibt es große Unterschiede. Die Bewohner im ländlichen Raum appellieren am stärksten (88%) an die Gesellschaft, sich von Egoismus-Tendenzen zu verabschieden. Großstädter hingegen sehen dies gelassener (78%). Zusammenhalten statt Auseinanderdriften ist für die Mehrheitsgesellschaft derzeit das Gebot der Stunde. Es geht um das Wohl der Allgemeinheit.

Zukunftsprognose

In Krisenzeiten wird soziale Geborgenheit höher eingeschätzt als individuelle Freiheit. Regelmäßig sagen über achtzig Prozent der deutschen Bevölkerung, dass man sich in schwierigen Zeiten aufeinander verlassen können muss, und die Zeiten des Wohllebens, in denen jeder sein Ego ausleben konnte, vorbei sind. Wichtiger wird die Verständigung darüber, was uns verbindet und zusammenhält.

Gemeinsinn bürgert sich wieder ein

In der gesamten westlichen Welt war in den letzten Jahrzehnten der Gemeinsinn auf breiter Ebene zurückgegangen – das Interesse am öffentlichen Geschehen, am sozialen Engagement im Nahbereich und an der Mitarbeit in Parteien und Gewerkschaften, Vereinen und gemeinnützigen Organisationen. Jetzt wächst das Vertrauen in Mitmenschen wieder und die Einbindung in soziale Netzwerke ist stärker gefragt. Seit der Coronakrise lebt die Hilfeleistungsgesellschaft wieder auf, weil das Aufeinander-Angewiesensein immer wichtiger wird. Ein Umdenken in der Bevölkerung hat begonnen. Zukunft erscheint vielen wieder machbar als Kontinuum und nicht nur als spontaner Gedanke. So lässt sich verlässlich die Aussage treffen: 2025 werden etwa 87 Prozent der Deutschen den Zusammenhalt in der Gesellschaft als prioritäres Lebensziel einschätzen. 2035 werden es 88 Prozent und 2045 um die 87 Prozent sein. Der Zusammenhalt gilt als „der" soziale Kitt in den nächsten zwanzig Jahren.

Der Zusammenhalt beginnt im sozialen Nahmilieu, in Familie, Nachbarschaft und Gemeinwesen. In künftigen Not- und Krisenzeiten werden sich insbesondere junge Menschen solidarisch zusammenschließen und Zusammenhalt und mehr Verantwortung für einander entwickeln. Die Menschen wollen das sichere Gefühl haben, nicht allein dazustehen – durch Entgegenkommen und Einfühlungsvermögen. Das gibt sozialen Rückhalt und setzt gegenseitige Rücksichtnahme voraus. Dazu gehört auch die Bereitschaft, sich in die soziale Pflicht nehmen zu lassen, das gegebene Wort zu halten und einander zuzuhören. Das kann ein ungeschriebener Ehrenkodex für das künftige Zusammenleben sein.

Die Zukunft der nächsten zwanzig Jahre gleicht einem starken ICH und einem wiederentdeckten WIR. Die Gesellschaft wird nicht auseinanderdriften. Die unsichere Krisenzeit wird sicher keinen neuen Menschen hervorbringen, aber ein neues Zusammengehörigkeitsgefühl, in dem der Solitär zum Solidär wird. Das sind neue soziale Dividende im Krisenzeiten-Sein – verbunden mit der Hoffnung, die Welt ein wenig besser zu hinterlassen, als wir sie vorgefunden haben.

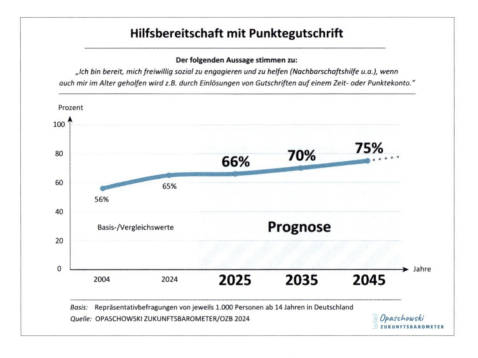

Datenanalyse

Wer kann sich in wirtschaftlich schwierigen Zeiten Nächstenliebe und Hilfsbereitschaft für andere „leisten"? Müssen sich nicht auch Hilfeleistungen „lohnen" und „rechnen"? Ein Eindruck von Kalkül und Rechnen-Müssen drängt sich auf, wenn die Motivation zum freiwilligen sozialen Engagement im Blickpunkt steht. Zwei Drittel (65%) der Deutschen geben unumwunden zu: „Ich bin bereit, mich freiwillig sozial zu engagieren und zu helfen, wenn auch mir im Alter geholfen wird z.B. durch Einlösung von Gutschriften auf einem Zeit- oder Punktekonto." Auf die Gutschrift für das Engagement legen Ostdeutsche (66%) und Westdeutsche (65%) gleich viel Wert. Besonders hoch (70%) ist die Erwartung bei den Jungsenioren im Alter von 50 bis 64 Jahren, die kurz vor dem Ruhestand stehen und ihre freiwillige Leistung auch honoriert sehen wollen. Soziales Engagement ist auch vom Bildungsgrad abhängig. Befragte mit Abitur zeigen eine höhere Bereitschaft (70%) als Hauptschulabsolventen (63%). Mehr Helferbörsen können die soziale Lebensqualität in Zukunft nachhaltig sichern.

Zukunftsprognose

Seit alters her gibt es das Prinzip sozialen Verhaltens „do ut des": Ich gebe dir, damit du mir auch etwas gibst. Apodiktisch auf den Punkt gebracht: Keine Leistung ohne Gegenleistung. Diese Art von Hilfeleistungsgesellschaft wird zunehmend wichtiger. Sie hat ihre Bewährungsprobe in den Jahren der Coronakrise bestanden. Oft als „Helden des Alltags" (Ärzte, Pflegekräfte, Erzieher u. a.) gefeiert, haben hilfsbereite Menschen aktiv zur Krisenbewältigung beigetragen. Hinzu kamen Nachbarn und Freunde, die wirksam als „Helfende Hände" agierten. Hilfsbereite Menschen gibt es – wenn man selbst etwas dafür tut oder gibt. Eine Rückkehr der Genossenschaftsidee kündigt sich für die Zukunft an, in der sich die Menschen wieder mehr gegenseitig unterstützen, wenn auch ihnen geholfen wird.

Hilfeleistungen „mit" Punktegutschrift lösen Zug um Zug uneigennützige Samariterdienste ab

In dauerhaft unsicheren Zeiten sehnen sich die Menschen nach Absicherungen und Versicherungen, die verlässlich sind. Es kann davon ausgegangen werden, dass sich dieser Wunsch in den nächsten Jahren weiter verstärkt, weil Lebenserwartungen und Hilfsbedürftigkeiten zunehmen. 2025 werden sich gut zwei Drittel der Bevölkerung (66%) freiwillig sozial engagieren wollen – wenn auch ihnen bei Bedarf im Alter geholfen wird. 2035 werden es 70 Prozent und 2045 etwa 75 Prozent der Bevölkerung sein. Zur eigenen Sicherheit wollen sie als „Punkte" gutgeschrieben bekommen – wie eine Art Sicherheitsgarantie. Bereits vor Jahrzehnten hatte die in Lünen-Brambauer gegründete Glückauf Wohnungsbaugesellschaft einen eigenen Nachbarschaftshilfeverein gegründet und Hilfeleistungen auf einem persönlichen Punktekonto gutschreiben lassen (Bonusheft). Dazu wurde ein Leistungskatalog entwickelt, der die wichtigsten Hilfsangebote nach einem Punktesystem bewertete. Dabei besteht die Möglichkeit, Punkte anzusparen und sie je nach Bedarf jederzeit wieder abrufen zu können (z. B. bei zunehmender Hilfsbedürftigkeit im hohen Alter). Jeder, der anderen helfen will, findet jemanden, dem er helfen kann – und umgekehrt. Zum Leistungskatalog zählen beispielsweise Gefälligkeiten wie Hund ausführen (4 Punkte), Begleitung zum Arzt (6 Punkte), Hausaufgabenbetreuung (8 Punkte), Hilfe bei der Grabpflege oder beim Rasenmähen (jeweils 10 Punkte), Hilfe beim Schneeräumen (16 Punkte), zweiwöchige Urlaubsbetreuung für das Tier (50 Punkte) usw. Für die Bevölkerungsmehrheit ist diese ‚Aufrechnung' kein neuer Materialismus, sondern eine Form sozialer Gerechtigkeit. Was für den privaten Bereich gilt, wird in Zukunft auch als Verpflichtung auf den öffentlichen Bereich („Bürgergeld", „Grundeinkommen" u. a.) übertragen.

C. DAS OPASCHOWSKI ZUKUNFTSBAROMETER

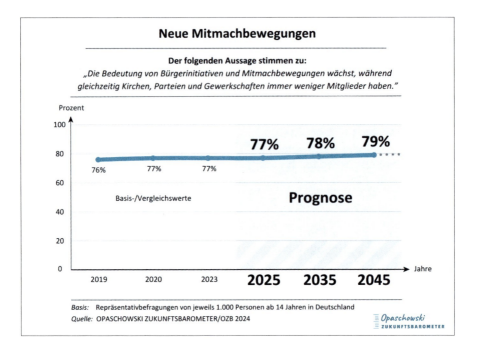

Datenanalyse

Droht eine Massenflucht aus Kirchen, Parteien, Gewerkschaften und Vereinen? Geht die Mehrheit der Deutschen keine Organisationsbindung mehr ein? Was hält die Gesellschaft dann in Zukunft zusammen? Über drei Viertel (77%) der Bevölkerung stimmen der Aussage zu: „Die Bedeutung von Bürgerinitiativen und Mitmachbewegungen wächst, während gleichzeitig Kirchen, Parteien und Gewerkschaften immer weniger Mitglieder haben." Die größte Organisationsdistanz melden die Generation der jungen Erwachsenen im Alter von 18 bis 24 Jahren (85%), die Singles (85%) sowie die Bewohner in ländlichen Regionen (87%) an. Ansonsten stimmen Frauen (77%) wie Männer (76%), Westdeutsche (77%) wie Ostdeutsche (76%) weitgehend überein. Neue Organisationsstrukturen zwischen Bürgerinitiativen und Mitmachbewegungen gewinnen zunehmend an Attraktivität. Mit informellem Charakter entwickeln sie sich aus Netzwerken Gleichgesinnter, die ein „Alle-in-einem-Boot"-Gefühl verbreiten und – ökologisch, ökonomisch und sozial – dem Gemeinwohl verpflichtet sind.

Zukunftsprognose

Wird es in wirtschaftlich schwierigen Zeiten eine neue verpflichtende Sozialmoral geben? Die Menschen werden prosozialer, aber auch fordernder: ‚Wie du mir, so ich dir.' Eine Welle kalkulierter Hilfsbereitschaft breitet sich aus. Wer hilft, dem wird geholfen. Wer von Gemeinwohl-Leistungen des Staates profitiert, muss auch bereit sein – jeder nach seinen Möglichkeiten – gemeinnützige Aufgaben für die Gesellschaft zu übernehmen.

Was die Bevölkerungsmehrheit erwartet: Wer staatliche Sozialleistungen in Anspruch nimmt, muss ein Mindestmaß an Gegenleistung erbringen

Jeder muss mitmachen können. Spontane Bürgerinitiativen sorgen für die Etablierung einer neuen Gemeinschaftskultur. Im Unterschied zum Geld- und Sachkapital geht es um gesellschaftlich relevante Ressourcen wie Selbstorganisation und aktive Mitarbeit sowie um das Eintreten für soziale Belange und Umweltqualität. 2025 werden gut drei Viertel der Bevölkerung (77%) Bürgerinitiativen und Mitmachbewegungen für immer bedeutsamer halten. 2055 können es 78 Prozent und 2045 etwa 79 Prozent der Bevölkerung sein, die soziale Leistungen für alle Bürger befürworten und einfordern. Die neue Mitmachgesellschaft wird deshalb den Staat nicht aus seiner Verantwortung (Renten-, Kranken-, Pflegeversicherung) entlassen. Umgekehrt dürfen beim Mitmachen und Gestalten eigene Interessen nicht ausgeblendet werden, damit das soziale Engagement seinen persönlich motivationalen Charakter nicht verliert.

Das „Ich im Wir" verbindet. Die Erfahrung der Geschichte lehrt doch: Die Not der Armen lässt auch die Reichen verarmen. Wer aber die Schwachen stärkt, bereichert auch das Leben der Starken. Für egoistische Haltlosigkeit ist immer weniger Platz. Außerparlamentarische Initiativen sorgen für eine lebendige Bürgerdemokratie. Bürgerinitiativen, Bürgerbegehren, Bürgerentscheidungen stärken als „spontane" Bürgerbewegungen die plebiszitäre Demokratie und ergänzen die parlamentarische Demokratie der „gewählten" Volksvertreter. Die Frage „Wie viel Staat braucht der Mensch?" wartet auf neue Antworten. Das Verhältnis Staat/Bürger verändert sich. In den politischen Entscheidungsprozessen bekommen die professionellen Macher plötzlich Mitmacher auf ihre Seite, die aktiv mitmischen wollen. Die Mitmachbewegungen können zum Korrektiv für die Parteiendemokratie in den Fällen werden, in denen sich viele Bürger von ihren Volksvertretern nicht mehr repräsentiert fühlen. Bürgerinitiativen und Mitmachbewegungen werden eine partizipative Demokratie entstehen lassen, in der die Stimmen und Stimmungen der Bürger und Wähler wieder mehr ihr legitimes Gewicht bekommen.

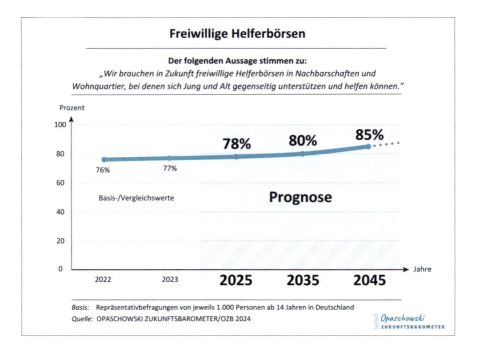

Datenanalyse

„Wir brauchen dich – und erkennen dein Engagement mit einem Zertifikat an!" Das ist die Grundidee für die Einrichtung von Helferbörsen, in denen Menschen generationenübergreifend bereit sind, ihre Zeit freiwillig mit und für andere zu teilen. Gut drei Viertel der Bevölkerung (77%) in Deutschland schlagen dies für die Zukunft mit der Begründung vor: „Wir brauchen in Zukunft freiwillige Helferbörsen in Nachbarschaft und Wohnquartier, bei denen sich Jung und Alt gegenseitig unterstützen und helfen können." Fast könnte es heißen: „Die" Helferbörse ist weiblich, denn 80 Prozent der Frauen können sich für eine solche Projektidee begeistern, während die Männer deutlich weniger (74%) daran Gefallen finden. Auch Großstädter wollen weniger davon wissen oder sind weniger darauf angewiesen (73%), während für Bewohner im ländlichen Raum, für die Hilfsbereitschaft (87%) zum Alltagsleben dazugehört. Auch Familienhaushalte mit Kindern wissen die praktische Hilfsbereitschaft in Nachbarschaft und Wohnquartier sehr zu schätzen (81%). Der starke Wunsch der Bevölkerung nach Helferbörsen lässt auf Defizite der sozialen Infrastruktur im Gemeinwesen schließen. Eine Aufforderung an die Kommunalpolitik, solche Freiwilligkeitsstrukturen mehr zu fördern.

Zukunftsprognose

Der Name Helfer„börse" bringt zum Ausdruck, dass auch freiwillige Helferdienste einem „Markt" von Angebot und Nachfrage gleichen. Anbieten und Nachfragen, Geben und Nehmen gehören zusammen. Vor über einem Jahrzehnt hatte der Autor selbst im Hamburger Stadtteil Lohbrügge eine Helferbörse gegründet und zugleich die Patenschaft für ein Mehrgenerationenhaus übernommen. In Kooperation mit dem benachbarten Gymnasium und der Stadtteilschule konnten Schüler ab der achten Klassenstufe lernen, was für ihre künftige Sozialkompetenz und Verantwortungsübernahme wichtig war. Am Ende des Schuljahrs bekamen die Freiwilligen ein Zertifikat ausgehändigt – als Anlage zum Schulzeugnis und als Bonus bei beruflichen Einstellungsgesprächen. Die Jugendlichen übten ihre Helfertätigkeit grundsätzlich zu zweit als Helfer-Tandem aus, so dass sie sich auch in möglichen kritischen Situationen gegenseitig unterstützen konnten – bei Rollstuhlausfahrten, Einkaufs-/Haushaltshilfen, Begleitung zu Arztbesuchen und Hilfen rund um PC und Handy. Für andere da sein und sich gegenseitig helfen hat in einer alternden und langlebigen Gesellschaft eine große Zukunft vor sich. Über drei Viertel der Bevölkerung (78%) werden diese Projektidee 2025 als Zukunftschance begrüßen und auch unterstützen wollen. 2035 können es 80 Prozent und 2045 gar 85 Prozent der Deutschen sein, die Helferbörsen gefördert wissen wollen.

Helferbörsen sind gefragt – freiwillige Dienste von und für Menschen

Helferbörsen können in Zukunft eine soziale Brücke für alle Lebensalter sein. Das gibt den Jüngeren Sicherheit und die Älteren erfahren Aufmerksamkeit. „Solche Hilfen wünsche ich mir auch, wenn ich einmal alt bin." Auf diesen Nenner hatte eine 16-jährige Schülerin ihre einjährige Helfererfahrung gebracht. Helferbörsen in jedem Wohnquartier: Das ist eine lohnende Perspektive für die nächsten zwanzig Jahre – auch bundesweit. Helferbörsen können zu einer neuen Form selbstorganisierter Nachbarschaft werden.

Die Helferbörsen als Projekt der Zukunft gleichen einer Zeitwährung. Sie geht von der Möglichkeit aus, im Laufe des Lebens sogenannte „Zeitbanken" einzurichten, in denen gleichsam die „sieben fetten Jahre" eingelagert werden, um sie dann während der folgenden „sieben mageren Jahre" wieder zu entnehmen. In einer solchen Hilfeleistungsgesellschaft auf Gegenseitigkeit lösen sich zeitreiche und zeitarme Lebensphasen ab. Was heute langfristig angespart wird, kann morgen dann wieder „verzehrt" werden – ohne schlechtes Gewissen und ohne den Gedanken, auf Almosen angewiesen zu sein. Das könnte die Basis für eine bundesweite Wohlfahrtspolitik der Zukunft sein.

X. WERTE. LEBENSZIELE. LEBENSSTILE

Herausforderungen & Chancen

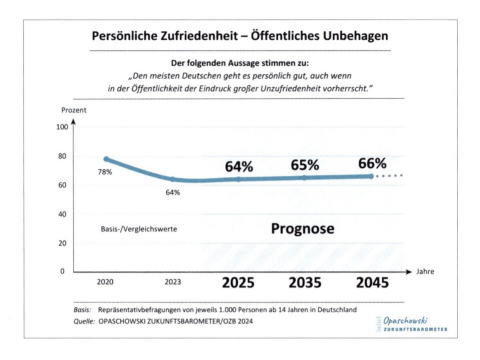

Datenanalyse

In unerwarteten Krisenzeiten kommt es zur Spaltung in Deutschland. Auf der einen Seite dominiert ein weitgehend medial vermitteltes Unbehagen über die gesellschaftliche Entwicklung, ganz persönlich aber geben sich die Menschen relativ zufrieden. Sie haben das Gefühl, trotz Krise das Beste aus ihrem Leben machen zu können. Knapp zwei Drittel der Bevölkerung (64%) finden dafür die einfache Erklärung: „Den meisten Deutschen geht es persönlich gut, auch wenn in der Öffentlichkeit der Eindruck großer Unzufriedenheit vorherrscht." Männer beherrschen diese Lebenskunst, trotz öffentlicher Unruhe privat ganz gut im Leben zurechtzukommen, etwas besser (66%) als die Frauen (62%) und die Westdeutschen (65%) etwas mehr als die Ostdeutschen (61%). Vor allem den Familienhaushalten mit Kindern gelingt der Rückzug ins Private (78%). Und auch die Bewohner im ländlichen Raum verstehen es, mehr Behaglichkeit im häuslichen Umfeld zu schaffen (76%) als die Großstädter (65%). Das persönliche Wohlergehen hängt von der materiellen Lebenssituation ab. Geringverdiener mit einem monatlichen Haushaltsnettoeinkommen unter 1.500 Euro können deshalb deutlich weniger (51%) das gesellschaftliche Unbehagen von ihrer persönlichen Unzufriedenheit abkoppeln.

Zukunftsprognose

Politik, Wirtschaft und Gesellschaft hatten bisher einen blinden Fleck, die Menschen auch. Die Gleichzeitigkeit globaler Krisen hatten sie nicht auf ihrer Rechnung – von geopolitischen Kriegen über Wirtschafts- und Finanzkrisen bis zu Naturkatastrophen. Ein weltweit wachsendes Gefühl der Verunsicherung ist seither die Folge. Nichts erscheint mehr sicher. Die nahe und ferne Zukunft ist bei vielen Menschen zunehmend angstbesetzt. Die Unsicherheiten des Lebens werden in den nächsten Jahren weiter wie ein Damoklesschwert über den Menschen hängen. Macht die Dauerkrise die Menschen risikoscheu oder werden sie geradezu sicherheitshörig und sind bereit, vieles Wertvolle dafür zu opfern? Der psychische Druck von Ungewissheit und Verunsicherung lässt andere wichtige Bereiche wie den Klimawandel in den Hintergrund treten. Die persönliche Sicherheit wird wichtiger als der Klimaschutz.

Als Reaktion auf gesellschaftlich unruhige Zeiten entwickeln die Menschen individuelle Wunschbilder von Ruhe, Geborgenheit und innerem Frieden

Mit dieser „Mir-geht-es-persönlich-gut"-Haltung können die meisten Menschen ganz gut leben, weil sie „Cocooning" für sich entdecken – in Anlehnung an den Kokon, der Schutzhülle, mit der sich die Raupe des Schmetterlings von der Außenwelt abschirmt. Diese neue Art von Häuslichkeit gleicht einem Rückzug in den Privatismus und wird sich in den nächsten Jahren stabilisieren. 2015 werden 64 Prozent, 2035 etwa 65 Prozent und 2045 66 Prozent der Bevölkerung das gespaltene Lebenskonzept von Privatheit und Öffentlichkeit weiter praktizieren.

Alles gerät in Bewegung, die Gesellschaft und die Menschen auch. Die Frage ist allerdings: Werden sich nicht Politik, Wirtschaft und Institutionen gegen die Tendenz zum bloßen Cocooning wehren und mehr gesellschaftliche Aktivität und Verantwortlichkeit einfordern? Mit mäßigem Erfolg, weil der Kampf gegen die Psychologie des Menschen und seine liebgewordenen Lebensgewohnheiten ziemlich aussichtslos erscheint. Die Dauerkrise hat die Menschen mit der Zeit stärker und selbstbewusster gemacht. Wenn in der Öffentlichkeit der Eindruck entsteht, mit der globalen und gesellschaftlichen Entwicklung ginge es bergab, dann werden sich die Menschen mental auf ihr persönliches Wohlergehen konzentrieren sich jenseits von Schreckensnachrichten. Sie coachen sich fast selbst, sorgen für Hoffnungen und positive Lebensgefühle. Insbesondere die junge Generation lässt sich ihren Lebensoptimismus nicht nehmen – auch unabhängig davon, ob die Zukunftssignale von Politik, Wirtschaft und Gesellschaft rosig oder düster sind.

C. DAS OPASCHOWSKI ZUKUNFTSBAROMETER

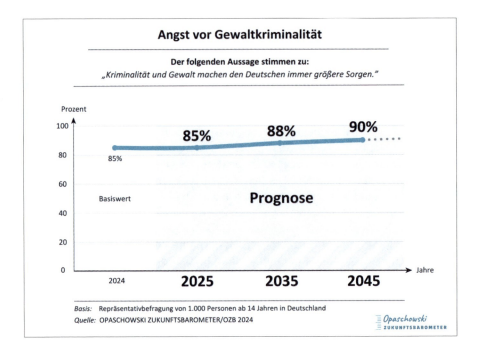

Datenanalyse

Ist in Zukunft der soziale Frieden in Deutschland nicht mehr gewährleistet, weil zunehmend Hass, Hetze und Aggressionen in Gewalt und Kriminalität umschlagen? Die überwiegende Mehrheit der Bevölkerung in Deutschland (85%) befürchtet eine Gefährdung des sozialen Friedens und stimmt der Aussage zu: „Kriminalität und Gewalt machen den Deutschen immer größere Sorgen." Dieser Kritik stimmen Westdeutsche (85%) genauso zu wie Ostdeutsche (85%) und Großstädter (85%) vergleichbar mit den Bewohnern im ländlichen Raum (86%). Frauen fühlen sich von dieser negativen Entwicklung mehr bedroht (87%) als Männer (83%.). Zwei Bevölkerungsgruppen sind in besonderer Weise davon betroffen. Ganz persönliche Ängste äußern Verwitwete und Geschiedene (90%) die weitgehend allein die Bedrohungen von Kriminalität und Gewalt bewältigen müssen. Genauso gravierend ist die Sorge der Selbständigen und Freiberufler (91%). Sie haben Angst vor existentieller Gefährdung und sehen sich vor allem der Cyberkriminalität relativ hilflos ausgeliefert. Für alle übrigen bleibt die Zukunftsfrage offen: Was passiert, wenn es zum Einbruch in die Privatsphäre kommt und Lebensdossiers verbreitet werden?

Zukunftsprognose

Vor einem Vierteljahrhundert warnte der Autor vor der Ausbreitung eines aggressiven Gesellschaftsklimas in Deutschland. Wenn Politik und Gesellschaft nicht rechtzeitig gegensteuern, wird das Aufwachsen der nächsten Generation „in einem gewaltgeprägten Umfeld zur Normalität". Dann wird „Aggressivität als Impulsivität verharmlost", verlieren die natürlichen Schutzmechanismen an Wirkungskraft und sehen sich „Gewalttäter selbst nicht mehr als Straftäter" (Opaschowski 1999, S. 84). Da stehen wir heute. Hass, Hetze und Gewalt gelten mittlerweile als Normalität. Eine Verrohung der Gesellschaft droht und der Staat kündigt fast ohnmächtig an, wieder einmal 'mit der ganzen Härte des Gesetzes' durchgreifen zu wollen. Die Zunahme von Gewaltkriminalität und Messerattacken ist alltäglich geworden. Aggressionsdelikte im öffentlichen Raum nehmen fast zweistellig zu. Und die Polizeiliche Kriminalstatistik verzeichnet zusätzlich einen Anstieg tatverdächtiger Asylbewerber und Flüchtlinge. Selbst über eine Strafmündigkeit vom 14. Lebensjahr an wird angesichts der Zunahme von Kinderkriminalität neu nachgedacht, ob sie noch zeitgemäß ist. Und nach dem Angriff von Hamas auf Israel nehmen auch die antisemitischen Angriffe in Deutschland deutlich zu.

Wir werden lernen müssen, wie wir Hass, Hetze und Gewalt im Alltagsleben verhindern können

Im Hinblick auf die weitere Zukunft ist größte Sorge angebracht. 2025 melden 85 Prozent der Deutschen Angst vor Gewaltkriminalität als unbewältigtes Zukunftsproblem an, 2035 können es 88 Prozent und 2045 gar 90 Prozent sein. Wer will dann in einer solchen verunsicherten Gesellschaft leben?

Darüber hinaus wird auch die Cybersicherheitslage in Deutschland immer bedrohlicher. Erstmals 2023 konnte das Bundesamt für Sicherheit in der Informationstechnik (BSI) den durch Cyberkriminalität verursachten Schaden in Deutschland präzise beziffern: 206 Millionen Euro jährlich, die den Bundeshaushalt belasten. Nach Angaben des Statistischen Bundesamts ist mittlerweile jeder zweite Internetuser ein Opfer von Falschinformationen und jeder vierte Internetuser fühlt sich von feindseligen oder erniedrigenden Hasskommentaren angegriffen. Auf „Cyber-Angriffe und Manipulationen durch Hacker" wurde frühzeitig aufmerksam gemacht (Opaschowski 1999, S. 96). In den heutigen Kriegszeiten (Ukraine, Israel/Hamas) sind Cyber-Attacken und Angriffe auf kritische Infrastrukturen Normalität geworden. Auch davor hatte die Zukunftsforschung frühzeitig gewarnt (1999, S. 96: „Die digitale Kriegsführung könnte in Zukunft zur größten Bedrohung der nationalen Sicherheit werden").

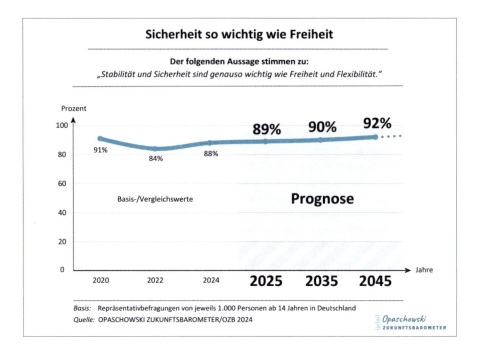

Datenanalyse

Unsichere Zeiten sind nicht neu, wohl aber das Ausmaß, die Intensität und die Dauer von Krisen, die in immer kürzeren Abständen auftreten und die Menschen verunsichern. Immer mehr wollen daher in ihrem Leben auf ‚Nummer Sicher' gehen. 88 Prozent der Deutschen sind davon überzeugt: „Stabilität und Sicherheit sind genauso wichtig wie Freiheit und Flexibilität." In diesen Krisenzeiten herrscht darüber weitgehende Einigkeit in der Bevölkerung: Frauen (88%) wie Männer (88%), Berufstätige (88%) wie Nichterwerbstätige (88%) sowie Westdeutsche (88%) und Ostdeutsche (87%) heben die Bedeutung der Sicherheit gleichermaßen hervor. Selbständige und Freiberufler betonen dies deutlich mehr (95%) als Angestellte und Beamte (87%), die sich abgesicherter im Leben fühlen können. Groß ist auch das Sicherheitsbedürfnis von Familien mit Kindern (91%). Mit zunehmendem Alter arrangieren sich zudem die Bundesbürger mit Einschränkungen ihrer individuellen Freiheit. Die 50plus-Generation (90%) und die 65plus-Generation (91%) melden die größten Sicherheitsbedürfnisse an. Rentensicherheit, Geldwertsicherheit und Zukunftssicherheit sind für sie so wertvoll wie ihr Leben, das sie weiter frei gestalten wollen.

Zukunftsprognose

Eine Ära der Unsicherheit hat weltweit begonnen. Für eine neue „Generation Krise" ist Unsicherheit Normalität geworden. Sie muss umdenken und lernen, in und mit dauerhaft unsicheren Zeiten zu leben. Die Krisen werden immer ex-tremer und globaler – Finanz- und Wirtschaftskrisen genauso wie Umwelt- und Gesellschaftskrisen. Nach dem amerikanischen Risikoforscher Nicholas Taleb (2013) wird ein neues Denken für eine Welt erforderlich, die bei allem Fortschritt immer unberechenbarer wird. Gemeint ist eine Lebenshaltung, die mehr als stark, solide, robust und unzerbrechlich ist. Auf die Ungewissheiten des Lebens müssen die Menschen geradezu „antifragil" reagieren.

Die Gesellschaft kann den Bürgern in Dauerkrisenzeiten keinen schützenden Sicherheitsrahmen mehr ‚verbürgen'. Die Menschen müssen selbst mehr für ihre eigene Sicherheit sorgen und mit Unberechenbarkeiten rechnen

Sicherheit wird fast zur neuen Freiheit der Deutschen. Der Hunger nach Sicherheit wird so wichtig wie der Durst nach Freiheit. Für die nahe Zukunft zeichnet sich als Tendenz ab: 2025 werden bei 89 Prozent der Deutschen Sicherheitsbedürfnisse dominieren und ihr Wohlstandsdenken bestimmen. 2035 können es 90 Prozent und 2045 gar 92 Prozent sein. Wenig spricht derzeit dafür, dass die Zeiten friedlicher und sicherer werden.

Die Grundstimmung in Deutschland wird sich weiter zwischen Ungewissheit, Unübersichtlichkeit und Unsicherheit bewegen. Über eine neue Sicherheitskultur muss nachgedacht werden – von der Altersvorsorge über private Gesundheitsdienste bis zu stabilen Wertanlagen. Die Menschen hoffen auf Beruhigungen, die angstmindernd wirken. Dabei geht es nicht um maßlose Ansprüche, sondern um existentielle Sicherheiten: Energiesicherheit, Ernährungssicherheit und Versorgungssicherheit. Werden in dieser unsicheren Welt bald spezielle „Sicherheitsbehörden" und „Sicherheitsgesetze", „Sicherheitschefs" und „Sicherheitschecks" den Lebensalltag in Deutschland bestimmen? Werden Bürger und Behörden geradezu in Daueralarm versetzt? Die Politik wird alles daran setzen wollen, dass die Bevölkerung ruhig und gelassen bleibt und sich sicher fühlt. Die Gefahr ist allerdings groß, dass mitunter die Freiheit auf der Strecke bleibt – von der Versammlungs- über die Presse- bis zur Meinungsfreiheit. Es muss in jedem Fall verhindert werden, dass wir die grundgesetzlich verankerte Freiheit bald nicht mehr schützen können, weil wir sie vorher im Interesse der Sicherheit abschaffen.

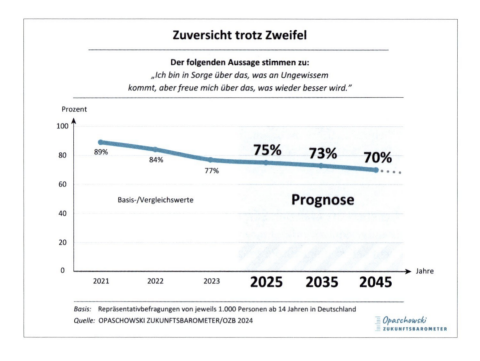

Datenanalyse

Mit neuer Zuversicht in die Zukunft: Das ist die Rettung für Rückschläge. Die Sorge bleibt, doch die Hoffnung, dass es wieder besser wird, wiegt schwerer. Die Deutschen entwickeln ein gespaltenes Lebensgefühl als Gegengewicht zu pessimistischen Voraussagen apokalyptischen Ausmaßes. Über drei Viertel der Bevölkerung (77%) sind hin- und hergerissen zwischen der Sorge vor einer möglichen Zukunftsgefährdung und einem temporären Zukunftsoptimismus: „Ich bin in Sorge über das, was an Ungewissem kommt, aber freue mich über das, was wieder besser wird." Die Einstellungen der Bevölkerung wirken wie Momentaufnahmen, was auch mit der Konfliktvielfalt der letzten Jahre erklärbar ist. Westdeutsche, die mehrheitlich um Wohlstandsverluste bangen, wirken mehr verunsichert (78%) als Ostdeutsche (71%), für die vieles nur besser werden kann. Eine Art semiglückliche Lebenshaltung praktizieren am meisten die 25- bis 49-jährigen Singles (83%), die nicht für Kinder sorgen müssen, sowie Paare ohne Kinder (83%), die weniger Verantwortung für andere tragen müssen. So leben viele Bundesbürger in der Schwebe, werden mal von Zweifeln beunruhigt und mal gewinnt die persönliche Zuversicht die Oberhand.

Zukunftsprognose

Zuversicht statt Krisenangst hat sich bei einem Großteil der Bevölkerung in den letzten Jahren als Lebenshaltung stabilisiert. Trotz weltweiter Umwelt-, Wirtschafts- und Gesellschaftskrisen blickt die Bevölkerungsmehrheit optimistisch in die Zukunft. Die Vielzahl der Krisen zwischen Pandemie, Migration und Klimawandel lässt die Deutschen weiterhin auf eine bessere Zukunft hoffen. Sie schwanken zunehmend zwischen Bangen und Hoffen. Ihre realistische Wahrnehmung führt zu einem Gefühlskarussell, das bei der Bevölkerung permanent zwischen 77, 84 und 89 Prozent Zustimmungen pendelt. 2025 werden drei Viertel der Deutschen (75%) zwischen Zuversicht und Zweifel, Freude und Sorge hin- und hergerissen sein. Die verunsicherte Bevölkerung aber wird sich an die Krisenhaftigkeit der Zeit gewöhnen und weniger Unstetigkeit in ihren Zukunftserwartungen zeigen. Dem Jahr 2035 werden vielleicht nur etwa 73 Prozent der Deutschen unruhig entgegensehen und 2045 lediglich 70 Prozent.

Niemand will sich in diesen Polykrisenzeiten die Freude am Leben dauerhaft nehmen lassen. Mit der Krise wächst das Selbstvertrauen, genügend Positiv-Potential entwickeln zu können, um das Leben selbst zu meistern. Ein verhaltener Optimismus hilft dabei, die Zukunft als einen Raum von Möglichkeiten zu verstehen, in dem das Wünschenswerte Wirklichkeit werden kann.

In Dauerkrisenzeiten praktizieren die Deutschen eine semiglückliche Lebenshaltung, in der auf jeden Rückschritt auch ein Fortschritt folgt

Weit entfernt von vermeintlicher „German Angst" erinnert das „Semihappy Germany" von heute an die Zeiten im 18. Jahrhundert, als die Franzosen „Le bonheur allemand" bewunderten, weil die Deutschen die Lebenskunst beherrschten, immer ‚Glück im Unglück' zu empfinden („Armbruch ist kein Beinbruch"). In einer Mischung aus Lebensbejahung und Zweckpessimismus „können" sie trotz Krisen, Kriegen und Katastrophen Zuversicht entwickeln, mit sich und ihrem Leben zufrieden sein, aber nicht immer glücklich sein „müssen". Das ist eine besondere Form von Gelassenheit. Bei Jugendlichen gleicht sie mehr einer Coolness, bei Älteren eher einer Besonnenheit. Auf diese Weise geht es den meisten Deutschen auch in der Zukunft gut oder zumindest nicht schlechter. Global gesehen gleicht die Entwicklung der nächsten zwanzig Jahre einer Achterbahn der Gefühle zwischen Angst und Sorge. Ganz persönlich aber dominiert die Zukunftssicherheit: „Gut leben im Krisenmodus" oder: „Es geht immer wieder weiter."

Datenanalyse

Die anhaltend unsicheren Zeiten haben eine Werte- und Vertrauenskrise in Deutschland ausgelöst: Wer kann wem noch trauen? Politik, Wirtschaft und Gesellschaft haben den Wert Ehrlichkeit in Verruf gebracht. Ehrlichkeit bleibt zwar die Nr. 1 im Werteranking der Deutschen – allerdings mit deutlichen Schwankungen und Rückgängen des Zustimmungsgrades von 90 Prozent (2020) bis 81 Prozent (2024). Die Bevölkerung reagiert sensibel auf krisenhafte Entwicklungen. Für 81 Prozent der Deutschen steht 2024 fest: „Ehrlichkeit ist und bleibt der wichtigste Wert im Leben." Männer nehmen es nicht ganz so genau mit der Wahrheitsfindung (79%) wie die Frauen (83%). Auch für Ostdeutsche hat Ehrlichkeit einen etwas geringeren Stellenwert (79%) als für Westdeutsche (83%). Muss der Sponti-Spruch aus der Nach-68er-Zeit „Trau keinem über 30!" in Zeiten, in denen eine junge Generation fast nur unter Krisenbedingungen aufwächst, umgedacht werden? Kann es bald heißen „Trau keinem unter 30!" Je jünger die Befragten sind, desto weniger Wert legen sie auf Ehrlichkeit (14 bis 29 Jahre: 76% – 14 bis 19 Jahre: 67%). Die 50plus-Generation hält hingegen weiter an dem hohen Wert fest (83%), die Berufsgruppe der Selbständigen und Freiberufler (84%) auch.

Zukunftsprognose

Keine Gesellschaft steht still. Jedes gesellschaftliche System ist in Bewegung. Sozialer Wandel tritt überall und jederzeit auf – aber nicht über Nacht. Auch ein Wertewandel kündigt sich Jahre und mitunter Jahrzehnte vorher an. Die sozialen und psychologischen Auswirkungen auf die einzelnen Lebensbereiche werden in den nächsten zehn bis zwanzig Jahren anhalten. Dabei kann es auch zu Wertekonflikten kommen, zumal sich weltweit Korruptionen und Manipulationen, gefälschte Bilanzen und illegale Absprachen in Politik, Wirtschaft und Gesellschaft ausbreiten. Die Sorge um Ehrlichkeit und Ehrenhaftigkeit nimmt zu.

Von der Migration der Menschen zur Migration der Werte ist es nicht weit. Wir werden in Zukunft mit Werteinflationen leben müssen, bei denen das Erziehungsziel Ehrlichkeit ins Wanken gerät

Gewünschte Werte sind keine gelebten Werte. Sie lassen eher auf subjektiv empfundene Defizite im privaten und öffentlichen Leben schließen. Weil Ehrlichkeit zu den wichtigsten Erziehungszielen gehört, wird der ehrliche Umgang miteinander auch in Zukunft aller Ehren wert sein müssen. Der Kampf um den Erhalt der Nr. 1 im Werteranking der Deutschen geht weiter. 2025 werden sich acht von zehn Bundesbürgern (80%) für den Wert Ehrlichkeit einsetzen. Und auch in den Folgejahren werden etwa 82 Prozent im Jahr 2035 und rund 85 Prozent im Jahr 2045 die Ehrlichkeit im Berufs- und Privatleben hochhalten. Die Gesellschaft wird sich verstärkt um einen Verhaltenskodex für Politiker und einen Ehrenkodex für Unternehmer bemühen, was nicht einfach sein wird, denn ein solcher Kodex muss mehrheitsfähig sein. Die öffentliche Debatte darüber wird sich auf nahezu alle sozialen Schichten in der Bevölkerung beziehen müssen, weil der Verweis auf das Grundgesetz als Minimalkonsens allein nicht ausreicht. Es fängt bei der Diskussion um Steuerehrlichkeit und beim Ideal des „ehrbaren" Kaufmanns an und hört beim Spruch „Der Ehrliche ist der Dumme" nicht auf.

Die Frage ist allerdings, ob der Zeitgeist weiter auf der Welle der Beliebigkeit schwimmt oder sich mehr zu einer sozial ausbalancierten Wertegemeinschaft weiterentwickelt. Das Fernziel für die nächsten zwanzig Jahre ist eine Verantwortungsgesellschaft, in der die Menschen ihren sozialen Pflichten freiwillig nachkommen und nicht nur, weil sie öffentlich dazu genötigt werden. Im kommenden KI-Zeitalter werden wohl Fake News und Unwahrheiten weiterleben und auch Anstand und Respekt bedroht bleiben. Die Suche nach verbindlichen Maßstäben hat gerade erst begonnen.

C. DAS OPASCHOWSKI ZUKUNFTSBAROMETER

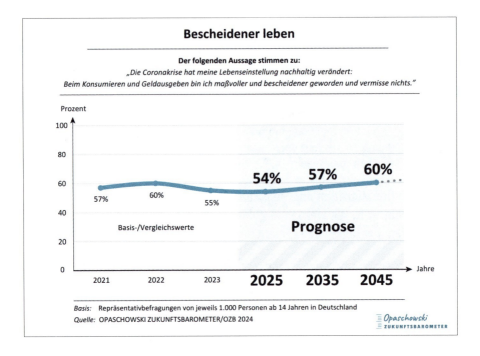

Datenanalyse

Ein Umdenken in der Konsumhaltung der Deutschen ist ansatzweise erkennbar, gleicht aber keiner Revolution. Ein solches Innehalten hat es in den letzten Jahrzehnten mehrfach nach jeder Krise gegeben wie z. B. nach der Ölkrise 1971/72, nach Tschernobyl 1986, nach dem Golfkrieg 1991, nach dem 11. September 2001 u. a. – aber nicht nachhaltig. Zu schmerzhaft ist der Gedanke, bei freiwilligen Konsumeinschränkungen im Leben etwas zu verpassen. Dennoch haben 55 Prozent der Deutschen die Erfahrung gemacht: „Die Coronakrise hat meine Lebenseinstellung nachhaltig verändert: Beim Konsumieren und Geldausgeben bin ich maßvoller und bescheidener geworden – und vermisse nichts." Die größte Verhaltensänderung ist bei Familien mit Kindern (61%) feststellbar. Auch Ältere reagieren sensibler auf die Coronakrise (60%). Je jünger die Befragten allerdings sind, desto weniger sind sie an einer Einstellungsänderung interessiert (30 bis 49 Jahre: 57% – 14 bis 29 Jahre: 42% – 14 bis 19 Jahre: 28%). Die Jüngeren wollen trotz krisenhafter Begleiterscheinungen möglichst so weiterleben wie bisher. Überraschend ist dennoch die Selbsterkenntnis bei den meisten Befragten: „Ich vermisse nichts". Die Enttäuschung hält sich allerdings in Grenzen, weil es anderen auch nicht besser geht.

Zukunftsprognose

In den Wohlstandszeiten der achtziger und neunziger Jahre bedeuteten Konsumieren und Geldausgeben für viele „Verbraucher" auch Lebenslust und Langeweileverhinderung. Die Shoppingmalls und Flaniermeilen waren nicht nur Walhallas des Erlebniskonsums, sondern auch Fluchtburgen für Menschen, die der Langeweile und Vereinsamung entfliehen wollten. Doch das „Bigger-Better-Faster-More"-Angebot einer multioptionalen Konsum- (und auch Wegwerf-)Gesellschaft können und wollen sich in Krisenzeiten, in denen der Job unsicher, das Geld knapp und die Umwelt massiv gefährdet wird, immer weniger leisten. Die Konsumkultur ist nicht mehr unendlich steigerbar und stößt zunehmend an ihre ökonomischen, ökologischen und psychischen Grenzen. Zudem steht die Sozialverantwortlichkeit einer grenzen- und gedankenlosen Konsumgesellschaft auf dem Spiel. Konsumverzicht ist allerdings keine realistische Alternative. Andererseits kann in Zukunft das wertvoll werden, was nicht teuer erkauft werden muss.

Nach der Krise wollen die Deutschen anders leben, aber die Wende zum Weniger („Small is beautiful") findet so schnell nicht statt

Die Wunschformel „Small is beautiful" klingt seit Jahrzehnten wunderbar, ist aber im Lebensalltag schwer umzusetzen. Pragmatisch werden die Deutschen nach dem Grundsatz „Maßhalten statt Maßlosigkeit" zu leben versuchen. Diese Lebenseinstellung entspricht vor allem den 50plus-Generationen, die im Laufe ihres Lebens mit dem Krisencredo „Konsum nach Maß" zu leben gelernt haben. An dem erstrebenswerten Ziel „Bescheidener leben" wird im Jahr 2025 gut die Hälfte der Bevölkerung (54%) festhalten, 2035 können es 57 Prozent und 2045 etwa 60 Prozent sein. Für die Mehrheitsgesellschaft gilt: Die fetten Jahre sind endgültig vorbei. Anders leben wollen, bleibt als wertvolles Ziel erhalten, was aber nicht heißt: Alternativ leben müssen. Es geht eher darum, öfter über sich und das eigene Leben nachzudenken und mehr Momente des Glücks wahrzunehmen und zu genießen, die in den hektischen Vorkrisenzeiten zu kurz gekommen waren. Bewusster und intensiver leben gilt jetzt als Qualitätsmaßstab. Das kann auch ‚einfacher leben' bedeuten, bei dem Preisbewusstsein als Selbstbewusstsein verstanden wird. Fern von gedankenloser Ex-und-Hopp-Mentalität findet dann eine Besinnung auf die eigenen Fähigkeiten statt. Die Konsumfreuden des Lebens bleiben erhalten und die Selbsterfahrung setzt sich durch: „Man muss nicht immer Geld ausgeben". Die Umstellung wird allerdings nicht leicht fallen, weil sich viele Online-Anbieter und Lieferökonomien als mächtige Gegenbewegung formieren und den Menschen suggerieren, sie würden in einer Verpasskultur am Leben vorbeileben.

C. DAS OPASCHOWSKI ZUKUNFTSBAROMETER

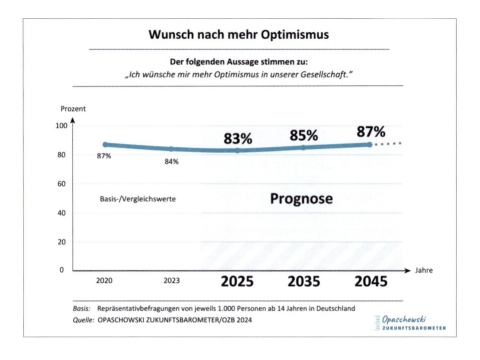

Datenanalyse

Willkommen zur optimistischen Sicht des Lebens und der Welt! Es ist unglaublich: Mitten in den anhaltenden Krisenzeiten, in denen ein Ende kaum vorhersehbar ist, neigen die Deutschen nicht zu Verunsicherung, Angst und Pessimismus. Sie entdecken vielmehr den Optimismus als Mutmacher und treibende Kraft. Mehr als acht von zehn Bundesbürgern (84%) machen sich selbst zur Kraft- und Motivationsquelle und sagen: „Ich wünsche mir mehr Optimismus in unserer Gesellschaft." Die Deutschen sind deshalb mehrheitlich keine Optimisten, aber sie sind hoffnungsvoll und lebensbejahend gestimmt. Dies trifft vor allem für die junge Generation zu, die ihre optimistische Sichtweise nicht aufgeben und mit ihrer positiven Zukunftsperspektive nicht alleingelassen werden will. Großen Zukunftshunger nach mehr Optimismus in unserer Gesellschaft melden die 14- bis 24-Jährigen (87%), insbesondere die Gruppe der jungen Erwachsenen im Alter von 20 bis 24 Jahren (91%) an, die eine solche Perspektive braucht, um die beruflichen und familiären Weichen für das ganze Leben zu stellen. Das ist Realismus und nicht Naivität. Dies trifft auch für die Berufsgruppe der Selbständigen und Freiberufler zu, die in kaum zu überbietender Weise (96%) auf das Zukunftsprinzip Hoffnung setzt.

Zukunftsprognose

Am Horizont ist Licht in Sicht! Die Welt und das Leben in und nach der Krise sind durchaus vorstellbar und lassen Sorgen und Ängste vorübergehend vergessen. Solange sich die Deutschen eine positive Zukunft vorstellen können, ist ihr Lebenswille ungebrochen und findet eine aktive Auseinandersetzung mit vermeintlich unlösbaren Problemen (Kriege, Naturkatastrophen, Job-, Wohnungs-, Partnerverluste u. a.) statt. Das Ja zum Leben steht ganz in der optimistischen Tradition des Philosophen Gottfried Wilhelm Leibnitz im 17. und 18. Jahrhundert, wonach wir in der besten aller Welten leben. Auf diese Weise können die Deutschen mit ihrer motivierenden Kraft des Optimismus alles daran setzen, die Gesellschaft der Zukunft zur besten für alle zu machen. Auch wenn das soziale Umfeld ganz andere Zeichen setzt, will und wird die Bevölkerungsmehrheit in Deutschland der Zukunftsentwicklung etwas Positives abgewinnen. Wer so denkt und handelt, unterdrückt nicht etwa negative Gedanken, nur „um den Optimismus gegenüber sich selbst und der Welt" zu beweisen, wie dies die französische Soziologin Eva Illouz (2019, S. 199) diagnostiziert. Denn der Wunsch nach mehr Optimismus in unserer Gesellschaft blendet selbst- und gesellschaftskritische Analysen keinesfalls aus. Deshalb werden 2025 etwa 83 Prozent der deutschen Bevölkerung vom Wunsch nach mehr Optimismus in Gesellschaft und privatem Leben weiterhin getragen sein, 2035 können es 85 Prozent und 2045 um die 87 Prozent sein.

Sicher beeinflussen Elternhaus und Erbanlagen, Sozialisation und Erziehung die positive Einstellung zum Leben am stärksten. Andererseits wird die nächste Generation lernen müssen, mit der Krisenkultur des 21. Jahrhunderts zu leben sowie Veränderungen und belastende Lebenssituationen als Herausforderungen anzunehmen, bevor sie zum Notfall werden. Die japanische Lebensweisheit, wonach die Menschen wenig von ihren Sorgen, aber viel von ihren Niederlagen lernen, kann durchaus zukunftsweisend sein. Und das heißt dann: Turbulenzen im Leben standhalten, Krisen positiv als Chancen wahrnehmen und offensiv nach Problemlösungen Ausschau halten.

Eine positive Einstellung zum Leben wird zu einem wichtigen Erziehungsziel: Zukunftsoptimismus muss gelehrt, gelernt und gelebt werden können

Das Ja zum Leben ist erlernbar und wird für die meisten Menschen zum Garant für Lebenszufriedenheit bis ins hohe Alter. Die Welt und die Gesellschaft sind damit natürlich nicht gerettet, aber vielleicht besitzt am Ende die dem Philosophen Ludwig Marcuse (1894–1971) zugeschriebene Aussage die größte Treffsicherheit: „Die große Mode ist jetzt pessimistischer Optimismus: Es ist zwar alles heilbar, aber nichts heil".

C. DAS OPASCHOWSKI ZUKUNFTSBAROMETER

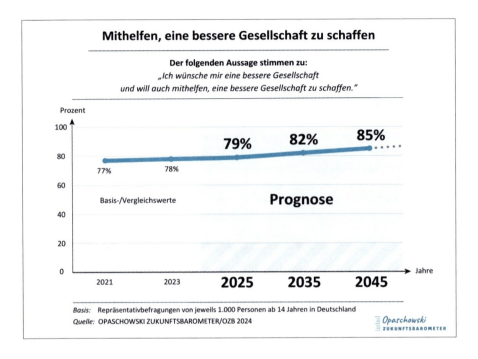

Datenanalyse

Nicht immer nur hoffen, erwarten und wünschen. Machen! Die Mehrheitsgesellschaft will selbst mehr zum Macher, Schaffer und Mithelfer werden. Eine stabile Zweidrittelmehrheit (78%) der Deutschen hat ein Sehnsuchtsziel: „Ich wünsche mir eine bessere Gesellschaft und will auch mithelfen, eine bessere Gesellschaft zu schaffen." Eine Welle der Hilfsbereitschaft kündigt sich an – quer durch fast alle Bevölkerungsschichten: Ob Hauptschulabsolventen (75%), Berufstätige (79%) oder Bestverdiener (79%), Jugendliche (79%) oder 65plus-Generationen (79%). Sie alle wünschen sich mit überwältigender Mehrheit eine bessere Gesellschaft und sind auch bereit, tatkräftig mitzuhelfen, wenn man sie nur lässt und ihnen insbesondere im kommunalen Bereich Orte und Gelegenheiten dazu bietet. Die Frauen sind dazu mehr bereit (80%) als die Männer (76%), was auch ihr größeres Engagement im sozialen Bereich erklärt. Eine besonders hohe Hilfsbereitschaft (87%) zur Schaffung eines besseren gesellschaftlichen Zusammenlebens melden die Bewohner im ländlichen Raum an, weil sie in Nachbarschaftshilfe, Altenbetreuung und Gemeindearbeit mehr auf gegenseitige Hilfe angewiesen sind.

Zukunftsprognose

Immanuel Kants berühmte Fragen „Was können wir wissen? Was sollen wir tun? Was dürfen wir hoffen?" warten weiterhin auf Antworten, die wir der nachfolgenden Generation als Grund zur Hoffnung auf ein gutes Leben in einer besseren Gesellschaft mit auf den Weg geben müssen. Politik, Wirtschaft und Wissenschaft können diese Antworten allein nicht leisten. Wie also sollen Leben und Gesellschaft im Deutschland der nächsten zwanzig Jahre gestaltet werden? Die Menschen werden zunächst einmal sich selber helfen müssen, die Ärmel hochkrempeln, anpacken, loslegen und für eine bessere Gesellschaft kämpfen. Dabei verlieren sie vielleicht ein Stück individueller Freiheit, gewinnen dafür aber mehr soziale Sicherheit. Deutschland braucht eine erweiterte Vision von Wohlstand und Wohlfahrt, in der soziales Wohlergehen genauso wichtig wie wirtschaftliches Wachstum wird.

Eine bessere Gesellschaft möglich machen, um eine bessere Welt zu hinterlassen, als wir sie vorgefunden haben: Das wünschen sich die meisten Deutschen für die Zukunft

Stoppt! Rettet! Helft! Die Bürger werden selbst sagen müssen, was ihre Lebensqualität und Lebenszufriedenheit gefährdet: Wohnungsnot und Pflegekrise, Einsamkeit und Langeweile, Altersarmut und Angst vor Wohlstandsverlusten, Gewaltkriminalität und Fremdheitsgefühle. An diesen Lebensnöten regieren Politiker oft vorbei, weil sie überfordert sind. Zivilgesellschaft und Anwenderdemokratie müssen hier zu Hilfe kommen. Mithelfen, eine bessere Gesellschaft zu schaffen, wird für fast acht von zehn Bundesbürgern (79%) 2025 ein erstrebenswertes Wunschziel sein – Tendenz leicht steigend. 2035 können es 82 Prozent und 2045 etwa 85 Prozent der Bevölkerung sein, die Helfer und Mithelfer, Macher und Mitmacher sein wollen.

Mit dem Wunsch nach einer besseren Gesellschaft werden sich auch die persönlichen Lebensprioritäten der Deutschen verändern. Konkret heißt dies:

- mehr Lebensqualitätsverbesserung als Lebensstandardsteigerung,
- mehr Lebensstilmiete als Wohnungskauf,
- mehr Hausgemeinschaft als Wohngemeinschaft,
- mehr Nachbarschaftshilfe als Sozialamtshilfe und
- mehr Wohnen daheim als Einweisung ins Heim.

Das ehemalige Ludwig Erhard'sche Postulat „Wohlstand für alle" kann zum „Wohlergehen für alle" werden, wenn die Hoffnung auf eine bessere Zukunft erhalten bleibt.

D. METHODE UND EMPIRISCHE BASIS DER REPRÄSENTATIVSTUDIE

D. METHODE UND EMPIRISCHE BASIS DER REPRÄSENTATIVSTUDIE

1. Persönliche Face-to-Face-Befragungen in den Haushalten

Allen Daten liegen – sofern nicht anders ausgewiesen – Repräsentativerhebungen in Deutschland zugrunde, die 2023 und 2024 auf der Grundlage des vom Autor entwickelten Forschungskonzepts vom Institut IPSOS GmbH durchgeführt wurden. Befragt wurden bundesweit jeweils 1.000 Personen ab 14 Jahren. Zur Grundgesamtheit der Repräsentativumfragen gehört die in privaten Haushalten lebende deutschsprachige Wohnbevölkerung. Die Stichprobenstruktur spiegelt die amtliche Statistik wider. Die vorliegenden Untersuchungen wurden als computergestützte persönliche Befragungen („Computer Aided Personal Interview"/C.A.P.I.) im Rahmen von Mehrthemenumfragen durchgeführt. Solche Umfragen sichern durch ihre Themenmischung am besten die Neutralität und Qualität der Stichprobe.

Die Personenauswahl erfolgte auf der Basis eines institutseigenen Stichprobennetzes nach dem Random-Route-Verfahren: Nach festgelegten Begehungsregeln wurden die Befragungshaushalte aufgesucht. Durch ein Zufallsverfahren wurde die Zielperson für die Befragung ausgewählt, die als nächste Geburtstag hatte („Geburtstagsschlüssel"). Um ein Interview mit der Zielperson zu erhalten, wurde der Zielhaushalt bis zu dreimal kontaktiert. Die Feldarbeit der Interviews wurde durch Supervisoren auf korrekte Durchführung kontrolliert.

Als Basiswerte für die Prognosen wurden ausschließlich Befragungen im Zeitraum 2023/24 zugrunde gelegt. Wo vorhanden, wurden zusätzlich Vergleichswerte aus früheren Umfragen ergänzend hinzugezogen, was die Absicherung der Prognosedaten erhöhte. Insgesamt fünf Befragungswellen zwischen Januar 2023 und Februar 2024 bilden die Grundlage für die vorliegende Studie. Es sind dies die Zeiträume

- 23. Januar bis 1. Februar 2023,
- 09. Oktober bis 15. Oktober 2023,
- 06. November bis 12. November 2023,
- 22. Januar bis 28. Januar 2024 und
- 19. Februar bis 25. Februar 2024.

2. Mikrofundierte Forschungsergebnisse

Das Zukunftsbarometer basiert wesentlich auf jahrzehntelanger Verhaltensforschung seit 1974. Im Unterschied zur Konjunktur- und Wirtschaftsforschung ist das Zukunftsbarometer mehr mikrofundiert, liefert Daten zur Verhaltenspsychologie und Verhaltensökonomie. Das Barometer kann Naturkatastrophen oder Terroranschläge nicht vorhersagen, wohl aber Erkenntnisse liefern, wie Menschen auf vergleichbare kritische Ereignisse reagieren.

Die Schlüsselfragen einer auch psychologisch orientierten Verhaltensforschung als Prognoseforschung lauten daher:

- Wie haben sich die Menschen bisher in ähnlichen Situationen verhalten?
- Sind Regelmäßigkeiten oder Widersprüche in ihren Reaktions- und Verhaltensweisen feststellbar?
- Lassen sich daraus psychologisch begründbare Grundsätze über das menschliche Verhalten ableiten?

Solange diese Fragen nicht beantwortet werden, sollte man – statt von Prognosen – eher von Analysen oder Einschätzungen reden. Wirtschaftsanalysten leisten beispielsweise Vorab-Schätzungen als grobe Anhaltspunkte. Da es bei Einschätzungen ganz unterschiedliche Grade von Genauigkeit gibt, kann es sich auch nur um Annäherungswerte handeln – mit teilweise hohen Fehlerquoten wie z. B.: „IWF halbiert ‚Deutschlandprognose'" (Pressemeldung 2024). Ganz im Unterschied zu solchen groben Voraussagen sind wissenschaftsbasierte Prognosen des Zukunftsbarometers präziser – wie bei Wahlprognosen, die in der Regel nur um ein bis zwei Prozentpunkte vom amtlichen Endergebnis abweichen.

3. Alltagsrituale und Regelmäßigkeiten im Blick

Nicht jede Voraussage ist eine Prognose, aber jede Prognose ist eine Voraussage. Die Sozialwissenschaft traditioneller Prägung tut sich bisher schwer mit Voraussagen – aus Angst vor Fehlschlägen. Die Schwäche der Sozialwissenschaft im Prognostizieren ist bekannt. Dabei gibt es (vgl. Macintyre 1997) in der Sozialwissenschaft durchaus voraussagbare Elemente, die verlässliche Aussagen und Prognosen zulassen:

- Dazu gehören beispielsweise die Alltagsrituale, wonach die meisten Menschen zu bestimmten Zeiten das immer Gleiche tun, was Voraussagen mit großer Wahrscheinlichkeit ermöglicht.
- Auch die Kenntnis statistischer Regelmäßigkeiten spielt bei Prognosen eine wichtige Rolle. So lassen sich in den Sozialwissenschaften durchaus rational begründete Voraussagen machen.

Dennoch ist die Skepsis gegenüber sozialwissenschaftlichen Voraussagen bisher weit verbreitet.

4. Zukunftsgewissheitsschwund trotz großer Treffsicherheit

Jenseits von bloßer Fortschrittsgläubigkeit wird auch das Zukunftsbarometer bei aller Zuverlässigkeit an seine Grenzen stoßen. Es muss mit dem Zukunftsparadox leben: Je mehr und je präziser wir Prognosen abzugeben in der Lage sind (z. B. bei Wahlprognosen, Wettervorhersagen), desto mehr stellt sich bei uns das subjektive Gefühl von Ungenauigkeit und Unsicherheit ein. So entsteht der Zukunftsgewissheitsschwund (Lübbe 1990, S. 68). Weil die Menge der Ereignisse pro Zeiteinheit mit der Menge des verfügbaren Wissens wächst, entsteht der Eindruck, dass die Zukunft immer weniger prognostizierbar sei. Gerade deshalb brauchen wir ein Zukunftsbarometer, das sich verlässlich auf das noch Prognostizierbare stützt.

Ergebnisse des Zukunftsbarometers können durchaus verhaltensprägend werden, wenn sie die emotionale Betroffenheit bzw. das Erleben von Bedrohung (z. B. Coronakrise) ansprechen – allerdings nur bis zu einem gewissen (Zeit-)Punkt. Dann stellen sich Problemgewöhnungen ein, d. h., die persönliche Betroffenheit unterliegt erfahrungsgemäß trotz ständiger Krisenmeldungen immer stärkeren Abstumpfungserscheinungen. Die psychische Abwehr von längerfristigen Problemen (z. B. Klimawandel, Migration, Terrorismus) sorgt für die gewünschte Entlastung. Die Problemverdrängung setzt sich durch. Der Zeitfaktor wirkt auf Dauer.

Aus möglichen und wünschbaren Zukünften leitet daher das Zukunftsbarometer Handlungsoptionen für die Zukunft ab, zeigt Handlungsstrategien auf und fragt: Wenn wir in Zukunft „so" leben wollen – welche Wege müssen wir dann heute gehen? Das Zukunftsbarometer soll Wegweiser und Weichensteller zugleich sein. Es „prophezeit" nichts! Es beobachtet nur, was geschieht und sich verändert und wägt mögliche Folgen für die Zukunft ab. Im optimalen Fall kann es Einfluss auf gesellschaftliche Entwicklungen nehmen. Die öffentliche Diskussion in Deutschland bewegt sich bisher nicht selten zwischen Innovationsmüdigkeit und Visionsängsten. Mit dem Zukunftsbarometer kann es jedoch gelingen, Aspekte der Nachhaltigkeit stärker in das öffentliche Bewusstsein zu rücken und dabei auch als Frühwarnsystem zu agieren.

Für die Reise in die Zukunft werden im Zukunftsbarometer drei Etappenziele gesetzt: *2025 – 2035 – 2045*. Dahinter steht die Erkenntnis: Die Zukunft beginnt „jetzt" und nicht erst in zehn oder zwanzig Jahren. Wir müssen die Weichen „jetzt" stellen, damit die Zukunftsreise nicht eines Tages im Nirgendwo landet oder verschwindet. Ein Arbeitsprinzip des Autors lautet daher: Zukunft ist Herkunft. Nur wer zurückschaut, kann verlässlich den Blick nach vorne wagen.

Es fällt auf, dass bisher im Zentrum der meisten Szenarien und Visionen in der gesellschaftspolitischen Diskussion Fragen von Wirtschaft, Technik und Umwelt stehen. Der Mensch und sein persönliches Wohlergehen stehen weniger im Blickpunkt. Doch wenn wir wirklich wissen wollen, wie wir in Zukunft „leben", dann muss die technologie- und wirtschaftsbasierte Forschung um einen nachhaltig human-sozialen Perspektivenwechsel erweitert werden – sonst läuft die Zukunftsentwicklung am Lebensgefühl der meisten Menschen vorbei. Das vorliegende Zukunftsbarometer gleicht einem Messgerät. Es „misst" und bewertet Veränderungen von Einstellungen und Verhaltensweisen, Hoffnungen und Sorgen der Deutschen in den nächsten zwanzig Jahren.

Das vorliegende Zukunftsbarometer ist ein Kompendium, das sagt, wie es den Deutschen persönlich geht und mit welcher Sorge oder Zuversicht sie ihrer Zukunft entgegensehen. Sie erleben derzeit eine Welt im Ausnahmezustand: Trump, Orban und Putin sind Normalität und verkörpern eine neue autoritäre Ära. Andererseits: Die massenhafte Begeisterung um Taylor Swift zeigt zugleich, wie groß die weltweite Sehnsucht nach persönlich positiven Geschichten ist, in denen Familie und Freunde, Freiheit und Frieden im Mittelpunkt des Lebens stehen. Solche Bilder lassen die Gewissheit wachsen, dass es sich zu leben lohnt.

Zukunftsängste haben inzwischen die Mitte der Gesellschaft erreicht: Wohnungsnot, Gesundheitsversorgung und Alterssicherung sind zu Hauptsorgen der Bevölkerung geworden. Der Mehrheitsgesellschaft ist klar geworden: Die junge Generation wird in Zukunft nicht für immer mehr Rentner aufkommen können, weshalb immer mehr Senioren auf staatliche Unterstützung angewiesen sind. Nicht die Sorge um Europa, der Wunsch nach Bürokratieabbau oder die Hoffnung auf mehr Klimaschutz bewegen die Deutschen am meisten im Alltag. Es sind zunehmend die Enttäuschungen der Bevölkerung über nicht eingelöste oder nicht einlösbare Versprechen zu Wohlstandssicherung, Aufstiegschancen und Lebenszufriedenheit für alle. Es ist schon jetzt absehbar: Der Zukunftsgewissheitsschwund wird sich in diesen dauerhaft unsicheren Zeiten bei der jungen Generation festsetzen. Das Leben im Krisenmodus wird sie verunsichern und Ängste auslösen. Die nächste Generation macht sich daher nichts vor. Sie ahnt und spürt es: Das Wohlstandsniveau ihrer Eltern wird sie wohl aus eigener Kraft nicht mehr erreichen können. Ihr bleibt nur die Hoffnung, eines Tages zur Erbengeneration zu werden. Brauchen wir in Dauerkrisenzeiten eine überzeugende Optimismuserzählung, der Menschen begeistert zuhören, weil sie Wege für Zukunftshoffnungen aufzeigt? Noch gibt es in Deutschland eine solche positiv mutmachende Zukunftsvision nicht, zu der man sich öffentlich bekennen kann, ohne gleich als naiver Idealist und Träumer gebrandmarkt zu werden. Im Innersten wünschen sich nachweislich die meisten Deutschen (84 Prozent!) „mehr Optimismus" im Leben und in der Gesellschaft. Dieses positive Narrativ bleibt bisher jedoch ganz privat, während man sich nach draußen eher gesellschaftskritisch und zukunftspessimistisch gibt.

Wo also sind in diesen unsicheren Zeiten die sehnsüchtig erwarteten charismatischen Persönlichkeiten, die öffentlich Lebensfreude und Zukunftshoffnung authentisch leben und als positive Influencer auf andere ausstrahlen? Werden es Sportler, Künstler, Politiker oder mediale und soziale Akteure sind, die durch Vormachen zum Mitmachen motivieren und Menschen dazu bewegen, selbst etwas zu tun und sich nicht nur auf andere zu verlassen? Dann gilt auch für die Zukunft: Es gibt nichts Gutes – es sei denn, man tut es.

„Das schönste Glück des denkenden Menschen ist,
das Erforschliche erforscht zu haben und
das Unerforschliche ruhig zu verehren"

JOHANN WOLFGANG VON GOETHE (1749-1832)
Maximen und Reflexionen

E. ZURÜCK IN DIE ZUKUNFT

Fünfzig Jahre Zukunftsforschung

„Willkommen, Leser, zur prognosefreien Sicht der Welt!" Mit diesen ironischen Worten begrüßt der New Yorker Risikoforscher Nassim Nicholas Taleb alle „Dummköpfe dieser Welt", die Trendforschern und PR-Agenturen gedanken- und bedenkenlos glauben: Große unvorhersehbare Ereignisse mit massiven Folgen könnten vorhergesagt werden. Taleb nennt sie „Schwarze Schwäne". Ihre Treffsicherheit bei der Vorhersage bedeutsamer Ereignisse wie Kriegen, Erdbeben und Epidemien ist für ihn „gleich Null" (Taleb 2012, S. 196), zu Recht, denn Voraussagen machen kann jeder – ohne Gewähr.

Anders sieht es bei empirisch nachweisbaren Einstellungen und Verhaltensänderungen der Bevölkerung aus, die weit über Zufälligkeiten hinausreichen. Dies ist die Basis für die Erstellung dieses Zukunftsbarometers gewesen. Darüber hinaus kann die wissenschaftliche Prognoseforschung auch auf sich ankündigende Veränderungen aufmerksam machen, die zunächst nur bei Minderheiten erkennbar sind. Doch Veränderungen kündigen sich immer in Minderheiten an, ehe sie mehrheitsfähig werden.

Zeit und Geduld sind erforderlich, wenn es um gesellschaftlich kontroverse Themen geht, die mitunter Jahrzehnte brauchen, ehe sie sich durchsetzen. Vor einem halben Jahrhundert ging der Autor als junger Wissenschaftler erstmals in die politische Öffentlichkeit. Vor dem Hintergrund des Struktur- und Wertewandels in der Arbeitswelt mit öffentlichen Diskussionen zur Viertage- und 35-Stunden-Woche (1974!) veröffentlichte er ein an die Adresse der Politik gerichtetes Diskussionspapier zum Thema „Freie Zeit ist Bürgerrecht. Plädoyer für eine Neubewertung von Arbeit und Freizeit" in der Wochenzeitung DAS PARLAMENT (Heft B 40 vom 5. Oktober 1974. S. 21):

E. ZURÜCK IN DIE ZUKUNFT

PLÄDOYER 1974
„FÜR EINEN NEUEN FORTSCHRITTSGLAUBEN UND EINEN NEUEN LEBENSSINN"

„Das faszinierte Starren auf die durch Arbeit und Fleiß hervorgebrachten Wachstumsraten hat uns für nicht-ökonomische Wertvorstellungen blind gemacht. Wir müssen jetzt genug Phantasie und vor allem Mut aufbringen, um die weitere gesellschaftliche Entwicklung qualitativ zu steuern. Die ausschließliche Konzentration auf Wachstumssteigerung und die Einführung technischer Neuerungen sind abzulehnen, wenn schwerwiegende sozial und ökologisch nachteilige Folgen zu erwarten sind."

Die Beschäftigungssituation in den siebziger Jahren des vorigen Jahrhunderts war und ist mit dem chronischen Fachkräftemangel in den zwanziger Jahren des 21. Jahrhunderts vergleichbar. Als erstes Unternehmen in Deutschland hatte die EUROCAN GmbH 1970 die Viertagewoche eingeführt, um die Arbeitnehmer mit Zeit und nicht nur mit Geld zu entlohnen. Das Unternehmen hatte bis dahin durch das kostspielige Anwerben von ausländischen Arbeitnehmern ein Defizit von einer Million DM gemacht. Das werbewirksame Experiment der Viertagewoche zahlte sich aus. Nach Einführung der neuen Arbeitszeit machte das Unternehmen gleich im ersten Jahr einen Gewinn von 500.000 DM: Die Publicity um die Viertagewoche hatte dem Werk zu qualifizierten Arbeitskräften und einer günstigen Auftragslage verholfen.

Jetzt, fünfzig Jahre später, bestätigt sich die Eingangsthese dieses Buches „Eppur si muove": Und sie – die Erde – bewegt sich doch, wenn wir uns nicht gegen Innovationen und Optionen sperren, für Neues und Überraschendes offen bleiben und uns auf Ungewissheiten einstellen. „Be prepared!" gilt weltweit zu Recht in diesen unsicheren Zeiten als Stabilitäts- und Sicherheitsanker auf dem Weg in die Zukunft.

DAS OPASCHOWSKI ZUKUNFTSBAROMETER
Die zwei Gesichter der Zukunft Deutschlands

1. Wohnungsnot **(86%)**	1. Gesundheit als höchstes Gut **(91%)**
2. Gewaltkriminalität **(85%)**	2. Lebensinhalt Familie **(88%)**
3. Altersarmut **(85%)**	3. Sicherheit so wichtig wie Freiheit **(88%)**
4. Vorsorgedefizite **(85%)**	4. Mehr Optimismus **(84%)**
5. Wohlstandsverluste **(84%)**	5. Steuererleichterung Ehrenamt **(84%)**
6. Arm-Reich-Kluft **(84%)**	6. Sozialstaat als Kümmerer **(83%)**
7. Fake News **(84%)**	7. Bundesrepublik Bildungsrepublik **(83%)**
8. Fremdenfeindlichkeit **(82%)**	8. Motivierende Jugendpolitik **(83%)**
9. Ärmer werden **(81%)**	9. Generationenzusammenhalt **(83%)**
10. Einsamkeit **(81%)**	10. Vereinbarkeit von Beruf/Familie **(82%)**
11. Überforderte Politiker **(81%)**	11. Mehr zusammenhalten **(82%)**
12. Kein Grundeinkommen ohne Gegenleistung **(80%)**	12. Ehrlichkeit als wichtigster Wert **(81%)**
13. Bedrohung Klimawandel **(79%)**	13. Erziehungsziel Selbständigkeit **(81%)**
14. Zukunftsangst Negativnachrichten	14. Teams/Netzwerke **(80%) (78%)**
15. Gesellschaft auf Pump **(78%)**	15. Beschäftigungschancen für Ältere **(80%)**
16. Digitale Unzufriedenheit **(78%)**	16. Flexirente **(79%)**
17. Inszeniertes Leben **(78%)**	17. Freunde als zweite Familie **(78%)**
18. Einsamkeit und Langeweile **(77%)**	18. Bessere Gesellschaft schaffen **(78%)**
19. Pflegefall-Sorge **(76%)**	19. Freiwillige Helferbörsen **(77%)**
20. Digitalisierung ohne Privatsphärenschutz **(75%)**	20. Besser leben **(77%)**

Basis: Repräsentativbefragungen von jeweils 1.000 Personen ab 14 Jahren in Deutschland
Quelle: Das Opaschowski Zukunftsbarometer, Barbara Budrich Verlag 2024.

E. ZURÜCK IN DIE ZUKUNFT

„Herausforderungen & Chancen" sind der rote Faden, der das Zukunftsbarometer inhaltlich strukturiert. Die beiliegende Übersichtstabelle über die zwei Gesichter der Zukunft Deutschlands macht deutlich: Herausforderungen und Zukunftssorgen korrespondieren mit Chancen und Zukunftshoffnungen. Die Zukunft ist vermeintlich weit weg, doch in Wirklichkeit ganz nah am Zeitgeschehen – ganz gleich, ob wir beispielhaft KI und Digitalisierung, Demografie und Lebenserwartung in den Blickpunkt rücken.

Machen wir uns bewusst: Die Ausbreitung weltweiter Desinformationskampagnen haben doch nur ein Ziel: Zweifel säen, um Verunsicherungen zu ernten! Da stößt die eigene wissenschaftliche Prognoseforschung an ihre Grenzen, die Arbeit staatlicher Taskforces auch. Infolgedessen sind im Bereich von KI und Digitalisierung die größten Unsicherheitsfaktoren in den nächsten zehn bis zwanzig Jahren zu erwarten, zumal mittlerweile bezahlte „Cybersöldner" den Kampf gegen Desinformation immer massiver stören, Wahlen beeinflussen und demokratiegefährdend agieren. Da können selbst zwei Milliarden Euro wenig ausrichten, die das Ministerium für wirtschaftliche Zusammenarbeit zur „Krisenprävention" und „Krisenbewältigung" zusätzlich einsetzen will. Das KI-generierte Compunikations-Zeitalter hat doch gerade erst begonnen ...

Weitgehend unberechenbar bleibt darüber hinaus auch die demografische Entwicklung in Deutschland vor dem Hintergrund sinkender Geburtenzahlen, die im Zehnjahresvergleich einen neuen Tiefstand erreicht haben. In gesellschaftlichen Dauerkrisen wird selbst die individuelle Lebensplanung zur persönlichen Krise. Die Entscheidung für Kinder wird infolgedessen immer öfter aufgeschoben und aufgehoben, weil die Paare meist nicht wissen, wie sicher oder unsicher die Zukunft wird. Die Zukunft ist schon lange keine bloße Geldfrage mehr. Wohl aber trägt die große Wohnungsnot in Deutschland auch dazu bei, sich gegen ein Leben mit Kindern zu entscheiden. Wird es in zwanzig Jahren mehr Großeltern und Urgroßeltern und weniger Kinder und Enkelkinder geben? Wer wird dann in einer kinder- und enkelarmen Gesellschaft die vielen Hochaltrigen und Langlebigen betreuen oder pflegen?

Goethes Sinnspruch, das „Unerforschliche" unerforscht zu lassen, war und ist ein ständiger Begleiter des Autors beim Blick in die nächsten Jahre. Das Zukunftsbarometer mit seiner doppelten Sichtweise von Herausforderung und Chance scheut sich deshalb nicht, Negativwahrheiten zu verkünden, weil zugleich Wege aufgezeigt werden, wie sich die Menschen positiv gegen sich abzeichnende Risiken wappnen und wehren können. Dies gilt auch und gerade für Fragen zur Ethik der Technik. Natürlich wird der Ruf nach Regeln lauter werden, weil insbesondere die nachkommende Generation besser geschützt werden muss. Ihre zwischenmenschlichen Beziehungen und ihre Fähigkeit zur Mitmenschlichkeit müssen unter allen Umständen erhalten und gefördert werden. Andernfalls drohen unkontrollierbare Prozesse und Veränderungen im zwischenmenschlichen Bereich, wobei Hass, Hetze und Gewalt von heute nur die Spitze eines unmenschlichen Eisbergs von morgen wären. Im Einzelfall kann dies auch bedeuten, vorübergehend die Stopptaste oder gar die Austaste zu drücken. Mögliche KI-Bedrohungen können wir nicht länger ignorieren. Der Princeton-Historiker Harold James konstatiert: „In Deutschland gibt es eine Veränderungszögerlichkeit" (James 2024, S. 66). Das aber kann sich eine Exportnation im Wettbewerb mit China und den USA auf Dauer nicht mehr leisten.

Vielleicht brauchen wir bald eine „Agenda 2035" oder „Agenda 2045", weil bis dahin alle Babyboomer in Rente sind und Millionen Arbeitsplätze fehlen. Zum Glück für den Arbeitsmarkt in Deutschland hat sich in den vergangenen fünf Jahren die Zahl der Menschen, die nach Erreichen des Renteneintrittsalters einer sozialversicherungspflichtigen Arbeit nachgehen, um mehr als 40 Prozent auf rund 350.000 Menschen erhöht (IAB 2024). Hinzu kommen noch über eine Million Minijobber im Rentenalter. Dabei sind Beschäftigte mit hohem Bildungsabschluss und hohem Einkommen überrepräsentiert. Sie werden gebraucht und wollen persönlich weiter gefordert werden. Viele fühlen sich gesundheitlich und mental noch zu jung, um für immer in Rente zu gehen.

Das Zukunftsbarometer kann nur bedingt als Stimmungsbarometer verstanden werden. Zu schnell wandeln sich Stimmungen und (Wahl-)Stimmen der Bevölkerung, insbesondere bei kritischen gesellschaftlichen und politischen Fragen und Entwicklungen. Natürlich wird der Kampf gegen Rassismus und Diskriminierung das soziale Klima in Deutschland weiterhin sehr belasten. Es wird zudem vermehrt die Sprach- und Integrationsförderung von Kindern und Jugendlichen mit Migrationshintergrund eine vorrangige Aufgabe der künftigen Bildungspolitik sein. Und auch Antisemitismus sowie Fremdenfeindlichkeit können Gefährdungsfaktoren für den sozialen Frieden in Deutschland werden. Doch wissenschaftsbasierte Aussagen für die nächsten zehn bis zwanzig Jahre lassen sich hierzu seriös und verlässlich nicht machen.

Auch geopolitische Spannungen und weltweite Veränderungen sind vorstellbar, aber nicht präzise vorhersagbar. Wohl sollen die gemachten Aussagen im Zukunftsbarometer dazu verhelfen, eine positive Idee davon zu gewinnen, wie unser Zusammenleben im Deutschland der Zukunft aussehen kann. Das Zukunftsbarometer will Opposition gegen blinden Fortschrittsglauben und nicht blinde Opposition gegen sozialen Fortschritt sein. Wir werden weiter von Krise zu Krise leben müssen, uns aber mit einem bloßen „Weiter so!" nicht zufrieden geben können. Denn mit jeder Fortschrittsvision ist eine Kritik am Bestehenden verbunden – aber auch eine Hoffnung, auf der langen Zukunftsreise über die Zwischen-Stationen 2025 und 2035 am Ende in einer lebenswerten Welt 2045 anzukommen. Diesem Zukunftsbarometer fehlt eigentlich noch ein anschauliches „Bild" oder ein „Foto", wie die Endstation 2045 wirklich aussehen kann. Einen ersten gelungenen Ansatz hierfür gibt es bereits: Ein ressortübergreifendes und interdisziplinäres Team von Stadtverwaltungen und Architekturgrafikern hat 2024 erstmals eine sinnlich vorstellbare und fast greifbare

Vision 2045 entstehen lassen, die Lust auf Zukunft macht (Schaller u. a. 2024) – auch ohne ChatGPT.

Hoffnungsvoll stimmt für die Zukunft, dass die gesellschaftlichen Verhältnisse immer diverser und facettenreicher werden. Über die Identifikation mit der Arbeits-, Industrie- und Leistungsgesellschaft hinaus entwickeln sich neue Formen des Zusammenlebens in einer Mitmach-, Hilfeleistungs- und Verantwortungsgesellschaft, in der die Menschen wieder mehr für einander da sind und auch Verantwortung für einander tragen – ob in Ehe und Familie, Wohn- oder Hausgemeinschaft, Nachbarschaft oder Wohnungsbaugenossenschaft. In welcher sozialen Konstellation auch immer: Unverzichtbar werden in Zukunft Vertrauen, Verantwortung und Verlässlichkeit sein: Als sozialer Kitt für ein gutes Zusammenleben in unsicheren Zeiten.

Doch auch IT- und KI-Innovationen werden in Verbindung mit den in der Bevölkerung vorherrschenden grundoptimistischen Einstellungen kein sorgenfreies Leben garantieren können. Zuversicht kann Zukunftsungewissheit nicht verhindern. Zu viele offene Fragen warten in der nahen Zukunft auf uns. Was passiert eigentlich, wenn beispielsweise

- Extremwetterlagen als Folge des Klimawandels zur Normalität werden und sich die meisten Menschen keine Versicherung für Elementarschäden leisten können,
- eine neue Pandemie kommt, Impfstoffe knapp werden und Medikamente „z.Zt. nicht lieferbar" sind,
- die Zahl der Pflegebedürftigen rapide zunimmt, die Zahl des Pflegepersonals aber weiter stagniert oder sinkt,
- der aktienbasierte Rentenfonds in den Jahren 2035 und 2045 nicht das hält, was die Politik heute verspricht?

Die Zukunft wird extremer sein, als wir uns derzeit vorstellen können. Von einer Gesellschaft der Sicherheiten, Absicherungen und Versicherungen zwischen Vollkasko-Angeboten und Rundum-Sorglos-Paketen werden wir uns wohl für immer verabschieden müssen.

Die Institutionalisierung einer forschungspolitischen Früherkennung/FER (wie in der Schweiz) als Schnittstelle zwischen Wissenschaft und Politik wird zum unverzichtbaren Instrumentarium werden müssen. FER kann dann Vorausschau („Forecasting") leisten, aber Vorsorge nicht ersetzen. Früherkennung ist kein bloßes Frühwarnsystem, sondern ein Kompass für Handlungsoptionen, der Risiken und Chancen abwägt, Lösungswege aufzeigt und eindringlich dazu auffordert, mit der Gestaltung einer wünschbaren Zukunft sofort zu beginnen.

F. GRUNDLAGENLITERATUR

Brecht, B.: Leben des Galilei, Berlin 1998.

Bundesministerium für Wirtschaft und Klimaschutz (Hrsg.): Jahreswirtschaftsbericht 2024. Wettbewerbsfähigkeit nachhaltig stärken, Berlin 2024.

Bundesministerium für Wirtschaft und Klimaschutz (Hrsg.): Jahreswirtschaftsbericht 2024. Wettbewerbsfähigkeit nachhaltig stärken, Berlin 2024.

Club of Rome: Die Grenzen des Wachstums, Stuttgart 1972.

Coupland, D.: Generation X. Geschichten für eine immer schneller werdende Kultur („Generation X. Tales for an Accelerated Culture", 1991), Hamburg 1992.

Crouch, C.: Postdemokratie („Postdemocrazia", 2003), Frankfurt a. M. 2008.

Erhard, L.: Wohlstand für alle (1957), Köln 2009.

Huxley; A.: Schöne Neue Welt („Brave New World", 1931/32), Frankfurt a. M. 1981.

Huxley, A.: Wiedersehen mit der Schönen neuen Welt („Brave New World Revisited", 1959), Frankfurt a. M. 1987.

Illouz, E.: Der Konsum der Romantik („Consuming the Romantic Utopia", 2003), Frankfurt a. M./New York 2004.

James, H.: Menschen werden durch die KI dümmer (Interview). In: DER SPIEGEL Nr. 19 vom 14. Mai 2024, S. 64–66.

Kennedy, R.F.: Speech in the University of Kansas, 18. März 1968.

Layard, R.: Die glückliche Gesellschaft, Frankfurt a. M. 2005.

Lübbe, A.: Der Lebenssinn in der Industriegesellschaft, Berlin u. a. 1990, S. 68.

MacIntyre, A.: Der Verlust der Tugend („After Virtue", 1981), 2. Aufl., Frankfurt a. M. 1997.

Nahles, A.: Schröder macht mir keinen Stress. Interview. In: DER SPIEGEL vom 9. März 2014, S. 69.

Neubacher, A.: Kolumne. In: DER SPIEGEL vom 15. Februar 2020.

Noelle-Neumann, E.: Die Schweigespirale. Öffentliche Meinung – unsere soziale Haut, München 1980.

OIZ/Opaschowski Institut für Zukunftsforschung (Hrsg.): Repräsentativumfragen 2023/2024, Hamburg 2024.

Opaschowski, H.: Der Fortschrittsbegriff im sozialen Wandel. In: Muttersprache 9/10 (1970), S. 324–329.

Opaschowski, H.: Freie Zeit ist Bürgerrecht. Plädoyer für eine Neubewertung von „Arbeit" und „Freizeit". In: Aus Politik und Zeitgeschichte (Beilage zur Wochenzeitung Das Parlament B 40/74), Bonn 5. Oktober 1974, S. 18–38.

Opaschowski, H.: Soziale Arbeit mit arbeitslosen Jugendlichen. Streetwork und Aktionsforschung im Wohnbereich, Opladen 1976.

Opaschowski, H.: Arbeit. Freizeit. Lebenssinn? Orientierungen für eine Zukunft, die längst begonnen hat, Opladen 1983.

F. GRUNDLAGENLITERATUR

Opaschowski, H.: Wie leben wir nach dem Jahr 2000? Szenarien über die Zukunft von Arbeit und Freizeit (BAT Projektstudie), Hamburg 1988.
Opaschowski, H.: Freizeit 2001 (BAT Projektstudie), Hamburg 1992.
Opaschowski, H.: Boom oder Bumerang. In: agenda 15, Juli–Oktober 1994, S. 38–39.
Opaschowski, H.: Deutschland 2010. Wie wir morgen leben, Hamburg 1997.
Opaschowski, H.: Feierabend? Von der Zukunft ohne Arbeit zur Arbeit mit Zukunft, Opladen 1998.
Opaschowski, H.: Generation @. Die Medienrevolution entlässt ihre Kinder: Leben im Informationszeitalter, Hamburg-Ostfildern 1999.
Opaschowski, H.: Konfliktfeld Deutschland. Die Zukunftssorgen der Bevölkerung (BAT-Studie), Hamburg 2002.
Opaschowski, H.: Deutschland 2020. Wie wir morgen leben – Prognosen der Wissenschaft, Wiesbaden 2004.
Opaschowski, H.: Vertrauen. Freiheit. Fortschritt. Die Zukunftshoffnungen der Deutschen (BAT-Studie), Hamburg 2007.
Opaschowski, H./U. Reinhardt: Vision Europa. Von der Wirtschafts- zur Wertegemeinschaft, Stiftung für Zukunftsfragen, Hamburg 2008.
Opaschowski, H.: Deutschland 2030. Wie wir in Zukunft leben, 2. Aufl., Gütersloh 2009.
Opaschowski, H.: Der Deutschlandplan. Was in Politik und Gesellschaft getan werden muss, Gütersloh 2011.
Opaschowski, H.: Die semiglückliche Gesellschaft. Das neue Leben der Deutschen auf dem Weg in die Post-Corona-Zeit, Opladen/Berlin/Toronto 2020.
Opaschowski, H.: Besser leben statt mehr haben. Wie wir die Zukunft der nachfolgenden Generationen sichern, München 2023.
Orwell, G.: 1984. Roman („Nineteen Eighty-Four", 1949), 10. Aufl., Frankfurt a. M./Berlin 1993.
Orwell, G.: 1984 (Roman, 1949), Frankfurt a. M./Berlin 1994.
Popp, R. (Hrsg.): Zukunft. Freizeit. Wissenschaft, Wien, 2005.
Popper, K.R.: Auf der Suche nach einer besseren Welt, 11. Aufl., München 2002.
Pressemeldung des Internationalen Währungsfonds (IWF): Washington/Frankfurt a. M. (wvp/pwe) vom 30. Januar 2024.
Putnam, R.D.: Bowling Alone, New York 2000.
Reinhardt, U.: So tickt Deutschland, Tegernsee 2024.
Report Psychologie Nr. 14 (1989), S. 16–19.
Rürup, B./D. Heilmann: Fette Jahre – Warum Deutschland eine glänzende Zukunft hat, München 2012.
Schaller, St. (u. a.): ZukunftsBilder 2045. Eine Reise in die Welt von morgen, München 2023.
Sennett, R. Der flexible Mensch („The Corrosion of Character", 1998), Berlin 1998.
SfZ/Stiftung für Zukunftsfragen (Hrsg.): Vision Europa (bearb. von H. Opaschowski/U. Reinhardt), Hamburg 2009.
Storch, H. von: Interview. In: Der Spiegel vom 18. Oktober 2019.

Taleb, N.N.: Antifragilität. Anleitung für eine Welt, die wir nicht verstehen, 2. Aufl., München 2013.
UNDP/UNO-Entwicklungsprogramm (Hrsg.): Bericht über die menschliche Entwicklung, Bonn 2002.
Weizenbaum, J.: Nur Daten werden herumgeschickt In: epd-Interview/Tagesspiegel vom 1. April 1996.
Zellmann, P./H. Opaschowski: Die Zukunftsgesellschaft, Wien 2005.
Zellmann, P./H. Opaschowski: Du hast fünf Leben! Ein Wegweiser durch die Fünf-Generationen-Gesellschaft der Zukunft, Wien 2018.

G. STICHWORTVERZEICHNIS

Absicherung, finanzielle 61, 63
Absturz, sozialer 45
Aggressionsdelikte 119, 163
Aggressivität 73, 117, 163
Alarmmeldungen 94
Altenbetreuung 174
Altenhilfe 113
Alter 15, 30, 34f., 37, 59–63, 66, 70, 82ff., 86, 91, 100, 102f., 105, 108f., 111, 113, 118, 122, 128, 138, 140, 144, 146, 150, 152ff., 164, 172f.
Altersversorgung 103
Altersvorsorge 102f., 165
Anerkennung 57, 124
Angebotsstress 75
Angst 14f., 34f., 41, 66f., 72f., 85, 94, 100ff., 118, 139, 141, 149, 162f., 167, 172, 175, 179
Angstszenario 34
Anspruchshaltung 148
Anspruchsmentalität 67
Antifragil 165
Antisemitismus 17, 119, 189
Arbeiten, mobiles 54
Arbeitnehmer 52f., 57, 59, 62, 186
Arbeitsplätze 105, 189
Arbeitswelt 52f., 55, 185
Arbeitswoche 53
Arbeitszeitmodell 60
Armutsrisiken 103
Armutssorge 66
ARPANet 71
Aufeinander-Angewiesensein 159
Aufwandsentschädigungen 136f.
Auseinanderdriften 124, 151

Babyboomer-Generation 103
Balance 22, 25, 54, 57
Basiswerte 178

Baugemeinschaften 61, 139
Baulandmobilisierungsgesetz 87
Bedrohung 30f., 85, 162f., 180, 187, 189
Bedrohungsspirale 31
Beruf 48, 54f., 59, 121, 145, 187
Berufsleben 52, 101f., 135
Beschäftigungschancen 62f., 187
Beschäftigungsprogramme 63
Bescheidenheit 79
Besonnenheit 167
Best-Case-Szenarien 133
Bildungsakademien 121
Bildungsangebote 120f.
Bildungsaufgaben 117
Bildungsinitiativen 71
Bildungskonzepte 123
Bildungslandschaften 121
Bildungsmix 121
Bildungspolitik 120, 189
Bildungsrepublik 121, 187
Bildungswissenschaft 123
Bindung 105, 109, 112, 144f.
Bindungen, langfristige 144f.
Bindungsfähigkeit 145
Bindungslosigkeit 145
Bindungsprobleme 123
Bindungsscheu 144
Bleibeanreize 87, 139
Brandbeschleuniger 95
Bringschuld 24
Bürgerpflicht 123, 125, 150
Bürgerdemokratie 129, 139, 155
Bürgerinitiativen 131, 154f.,

ChatGPT 93, 190
Clubschulen 121
Cocooning 161
Compunikation 147
Compunikations-Zeitalter 188

Computerviren 91
Coronakrise 17, 23, 38, 44f., 50, 52, 57, 94, 107f., 110, 132f., 151, 153, 170, 180
Cyberattacken 71, 163
Cyberkriminalität 162f.
Cybersöldner 188

Daseinsvorsorge 22, 47, 103, 135, 140
Datendiebstahl 90f.
Datenschutz 90f.
Datensicherheit 91
Dates 146
Daueralarm 165
Dauerkrise 135, 161, 188
Dauerlasten 47
Demokratiegefährdend 71, 188
Demokratie, plebiszitäre 155
Demokratisierungsbewegung 133
Demonstrationen 77, 138
Desinformation 70f., 188
Desinformationskampagnen 71, 188
Diät, mediale 117
Digitalisierung 84f., 90, 97, 117, 187f.

Egoismus 150
Ehe 106f., 190
Eheschließungen 107
Ehrenamt 59, 103, 137, 187
Ehrenamtliche 137
Ehrenkodex 151, 169
Ehrensache 137
Ehrgeiz 56f.
Ehrlichkeit 168f., 187
Eigenleistungen 148
Eigenständigkeit 148
Eigenverantwortung 139, 149
Einfachheit, neue 117
Einsamkeit 18, 93, 100f., 129, 175, 187
Einsamkeitsministerium 100
Einstellungswandel 107, 123, 146
Einstiegsängste 123
Elterngeneration 16, 46f., 124, 150
Elternhaus 116, 173
Energiekrise 14, 77
Engagement, ehrenamtliches 136

Enkelbetreuung 113
Enkelkinder 188
Entlarvung 71
Epidemien 39, 185
Erlebnisgesellschaft 72
Erlebnisindustrie 73
Erlebnisstress 73, 75
Erosionserscheinungen, soziale 149
Erziehungsmonopol 116f.
Erziehungsziele 122, 169
Ethik 188
Existenzminimum 51
Extreme 95
Extremwetterlagen 30, 190

Facebook 73
Face-to-Face-Befragungen 178
Face-to-Face-Kontakte 108, 147
Fachkräftemangel 186
Fake News 18, 70f., 129, 169, 187
Familie 14, 22f., 32, 34f., 41, 48, 54f., 59, 66, 74f., 79, 92, 94, 99–113
Familienmodelle 105
Fehlerquoten 15, 179
Fehlprognosen 13
Flexibilität 145, 164
Flexirente 24, 58f., 187
Flüchtlingskrise 87
Forecasting 190
Forschungskonzept 178
Fortschrittsfrage 47
Fortschrittsglaube 186, 189
Fortschrittspolitik 133
Fortschrittsvision 189
Freiheit 13, 62, 129, 164f., 175, 181, 187
Freiheitsrechte 47
Freiwilligenagenturen 149
Freiwilligenarbeit 136
Freiwilligkeitsstrukturen 156
Fremdenfeindlichkeit 17, 118f., 187, 189
Fremdenhass 119
Fremdheitsgefühle 175
Freunde 92f., 101, 108–111, 113, 137, 145ff., 153, 181, 187
Freundschaftsbeziehungen 92, 147

G. STICHWORTVERZEICHNIS

Freundschaftsdienste 109
Fridays-for-Future-Bewegung 30, 76, 131, 138
Friedensbewegung 131
Friede, sozialer 45, 118, 162, 189
Früherkennung 71, 190
Frühwarnsystem 17, 180, 190
Fürsorge 113, 134
Fußabdruck, ökologischer 77

Ganztagsbetreuung 55
Gastarbeiter 119
Geborgenheit 107, 109, 151, 161
Geburtenquote 83, 87, 107
Geburtenzahlen 188
Geburtstagsschlüssel 178
Gefährdungspotential 17
Gefordertsein 62
Gegenleistung 48f., 135, 153, 155, 187
Gegenseitigkeit 109, 111, 125, 149, 157
Geldfrage 188
Geldsorgen 50, 123
Gemeindearbeit 174
Gemeinschaftskultur 149, 155
Gemeinsinn 113, 125, 138, 151
Gemeinwohlökonomie 135
Gemeinwohlorientierung 39
Generation @ 71, 85, 117, 147
Generation, junge 22, 30, 46f., 52, 57, 60, 68, 72, 84f., 90, 95, 105, 107, 117f., 138, 140, 144ff., 161, 168, 172, 181
Generation, unruhige 117
Generationenbeziehungen 79, 113
Generationenfamilie 105
Generationengerechtigkeit 47, 69
Generationenpakt 113
Generationenpflicht 46
Generationenvertrag 69, 103
Generationenwandel 14
Generationenzusammenhalt 112f., 187
Generation, Letzte 16, 131
Genossenschaftsidee 153
Genügsamkeit 77, 79
Geringverdiener 38, 50f., 62, 66, 132, 134, 136, 140, 160

German Angst 41, 167
Gesellschaft, alterslose 63
Gesellschaft, bessere 174ff., 187
Gesellschaft, bindungsscheue 144
Gesellschaft, flexible 145
Gesellschaft, gespaltene 22
Gesellschaft, verunsicherte 163
Gesprächsintensität 147
Gesundheit 21, 23, 36ff., 62, 79, 187
Gesundheitsforschung 38
Gesundheitspolitik 38f., 87
Gesundheitswesen 38f.
Gewaltkriminalität 17, 119, 129, 163, 175, 187
Gewerkschaften 63, 151, 154
Gewinnmaximierung 107
Glück 23, 32, 57, 167, 171, 189
Grundeinkommen, bedingungsloses 48f.
Grundgesetz 68, 139, 169
Grundlagenforschung 84
Gruppenerfolg 53

Haltlosigkeit 155
Hass 18, 119, 162f., 188
Hasstiraden 71
Hausgemeinschaft 105, 175, 190
Heimat 15, 105, 119
Helferbörsen 61, 139, 152, 156f., 187
Helfer-Tandem 157
Hetze 18, 162f., 188
Hierarchien 53
Hilfeleistung 38, 61, 101, 108, 110–113, 152f.
Hilfeleistungsgesellschaft 110, 151, 153, 157, 190
Hilfenetzwerke 149
Hilferuf 86
Hilflosigkeit 17
Hilfsbereitschaft 136, 155f., 174
Hochaltrigkeit 37, 113, 122
Homeoffice 52
Honorierung 125, 137

Illusionen 23, 90, 130
Immobilienpreise 87

G. STICHWORTVERZEICHNIS

Individualismus 149
Inflation 51, 67
Influencer 116, 181
Innovationsmüdigkeit 180
Instagram 73
Inszenierung 72
Integration 118f.
Internetoptimismus 70
IT-Branche 84

Jugend 47, 56f., 76, 84, 91, 122, 146

Katastrophenszenarien 95
Kaufkraft 51
KI 71, 93, 117, 188
KI-Bedrohungen 189
Kinder 16, 30, 32, 34, 40, 46f., 56, 73ff., 83, 85, 87, 92–95, 101, 105ff., 111f., 116, 128, 131, 147ff., 156, 160, 164, 166, 170, 188f.
Kinderbetreuung 54f., 108, 139
Kinderkriminalität 163
Kindertagesstätten 55
Kipp-Punkte 24
KI-Unterricht 71, 85
Klimakrise 32f., 35, 46, 66, 83
Klimaschutz 29–41, 149, 161, 181
Klimawandel 23f., 30f., 33, 133, 161, 167f., 180, 187, 190
Kluft 17, 44f., 187
Kollaps 145, 149
Kommunalpolitik, aktivierende 139
Kommunikation 93, 97
Kommunikation, virtuell 147
Konjunkturprognosen 15
Konsumeinschränkungen 170
Konsumenten 24, 50f., 73f., 79, 85, 90f., 96
Konsumfreude 171
Konsumhaltung 37, 170
Konsumkultur 171
Konsumstress 74
Konsumverzicht 171
Konsumzeit 75
Konsumzwänge 75
Kontakte 85, 92f., 109, 111, 146f.

Kontaktlosigkeit 93
Kontaktstress 93, 100
Konvois, soziale 109
Kosten-Nutzen-Rechnungen 145
Kriegsführung, digitale 85, 163
Krippenkinder 145
Krisenhelfer 112
Krisenhilfe 149
Krisenkultur 173
Krisenmanagement 132
Krisenmodus 41, 167, 181
Krisenpolitik 130
Krisenresistent 40, 51
Krisenzeiten 40, 49, 79, 83, 105, 107f., 110ff., 124f., 135, 137, 140f., 149, 151, 160, 164, 171f.
Kümmerer 134, 187

Langeweile 95, 100f., 147, 171, 175, 187
Langeweileverhinderung 171
Langfristnutzung 77
Langlebigkeit 101, 113, 122
Langzeitvergleich 25
Lawinenhaftigkeit 85
Leben, gutes 51, 175
Lebensalter 40, 61, 104, 113, 144, 157
Lebensarbeit 53
Lebensarbeitszeit 59f.
Lebensarbeitszeitverlängerung 61
Lebensdossier 162
Lebenserwartung 53, 60, 63, 103, 153, 188
Lebensform 105f.
Lebensgewohnheiten 13ff., 161
Lebensinhalt 104, 187
Lebensleistung 103
Lebensnöte 18, 175
Lebensoptimismus 161
Lebensqualität 22f., 34, 37, 41, 61, 77, 79, 86, 103, 109, 111f., 132, 152
Lebenssinn 21f.
Lebensstandard 22, 58, 60f., 67, 102
Lebensstilwandel 78
Lebensunternehmer 49, 123
Lebensverhältnisse 50, 67, 72
Lebensversicherung 41, 105

G. STICHWORTVERZEICHNIS

Lebenswille 173
Lebenswissenschaft 123
Lebensziel 22, 159–175
Legislaturperiode 23, 141
Legitimationsschwund 133
Lehrerrolle 123
Leistung 22, 48f., 53f., 57, 152f.
Leistungsbereitschaft 57
Leistungsgesellschaft 49
Leistungskultur 57
Leistungslust 56f.
Leistungsmaßstäbe 56
Leistungsorientierung 57
Leistungswille 49, 56
Leitbildcharakter 107
Leitökonomie 33
Leitwährung 13
Lösungsansätze 18, 25, 91, 140f.

Massenflucht 154
Maßhalten 171
Maßlosigkeit 171
Mediatisierung 116
Medienflut 117
Medienkompetenz 117
Mediennutzer 96
Mehrgenerationenhäuser 61, 139, 149
Mehrheitsfähig 16, 23, 25, 45, 51, 67, 76, 169, 185
Mehrheitsgesellschaft 15f., 25, 41, 51, 70, 95, 129, 150, 171, 174, 181
Menschenrechte 45
Menschenwürde 91
Menschlichkeit 57, 135
Me Too 131
Migrationsbewegungen 119
Millennials 52, 70
Miterzieher 116
Mithelfer 174f.
Mitmach-Aktionen 137
Mitmach-Bewegungen 154f.
Mitmacher 24, 155, 175
Mitmach-Gesellschaft 18, 155, 190
Mittelschicht 45, 67, 79

Motivationsquelle 172
Mut 41, 129, 131, 140f., 145, 186

Nachbarn 55, 108–111, 153
Nachbarschaft 18, 35, 105, 109, 111, 151, 156f., 190
Nachbarschaftshilfen 109ff., 139, 174f.
Nachbarschaftshilfeverein 153
Nachbarschaftspflege 111
Nachbarschaftspflicht 111
Nachhaltig 9, 13f., 69, 76, 119, 121, 140, 152, 170, 180
Nachhaltigkeitswünsche 76
Nächstenliebe 152
Navigationskompetenz 117
Navigationssystem 13
Negativnachrichten 37, 95, 187
Netzkontakte 92, 146
Netzwerke 21, 52f., 154, 187
Netzwerke, soziale 146f., 151

Ökobilanz 77
Optimismus, gebremster 41
Optimismus, pessimistischer 173
Optimismus, verhaltener 167
Optimistisch 40f., 167, 172f.
Optionen 97, 107, 147, 186
Organisationsbindung 154
Organisationsdistanz 154
Overnewsed 85

Pandemie 18, 33, 107, 112, 132, 167, 190
Parallelwelt 118, 129
Parkhäuser 86
Parteien 16, 18, 47, 49, 127–141, 151, 154
Parteienpolitik 133
Partizipationsideale 139
Persönlichkeitsprofile 71
Persönlichkeitsveränderung 15
Personenauswahl 178
Personalmangel 35
Perspektivenwechsel 181
Pflegebranche 35
Pflegefall 34f.
Pflegekrise 35, 175

G. STICHWORTVERZEICHNIS

Pflegenotstand 35
Pflichtdienst 125
Pflichtgedanke 125
Pflichtjahr, soziales 124f.
Pflichtzeit 125
Pharmaindustrie 38
Polykrisenzeit 46, 94, 167
Presselandschaft 16
Projektlernen 123
Polarisierung 44, 119
Politiker 16ff., 25, 100, 128–131, 133f., 139, 141, 169, 175, 181, 187
Politiker, visionslose 131
Politikverdrossenheit 133
Pragmatismus 77
Preissteigerungen 67
Prinzipienlosigkeit 145
Privatsphäre 90f., 162
Problemgewöhnungen 95, 180
Prognose 9, 13f., 17, 21–25, 69, 71, 85, 178ff.
Prognoseforschung 13, 24, 179, 185, 188
Prosozial 155
Protest 138
Pump 68f., 187
Punktegutschrift 152f.

Quartiermanagement 139

Random-Route-Verfahren 178
Rassismus 17, 189
Rechtsextreme 16
Rechtsextremismus 138
Reformdefizite 140
Reiselust 32
Reisen 15, 32ff.
Remigration 16
Rente 22, 58ff., 63, 103, 189
Renteneintritt 58
Renteneintrittsalter 63, 189
Rentenfonds 190
Rentenniveau 67, 103
Ressourcenschonend 76
Revolution, digitale 70, 85, 97
Rückbesinnung 147

Rückschläge 166
Rücksichtnahme 151
Ruhestand 58f., 63, 101ff., 152

Samariterdienste 153
Schattenhaushalte 69
Scheidung 107
Schlüsseltechnologie 71
Schuldenberg 68
Schuldenbremse 68
Schuldenstaat 69
Schule 35, 40, 48, 52, 76, 85, 97, 111, 116f., 120f., 123
Schul-Soli 121
Schutzbedürftigkeiten 147
Schweigespirale 15f.
Seismograph 13
Selbstbestimmung 34f., 73, 123
Selbsthilfe 143–157
Selbsthilfeideal 149
Selbstorganisation 155
Selbständigkeit 21, 122f., 187
Selbständigkeitserziehung 122
Selbstvertrauen 122f., 167
Selbstwertgefühl 53, 101, 137
Semiglücklich 166f.
Shutdown 133
Sicherheitsbedürfnisse 164
Sicherheitsbehörden 17, 165
Sicherheitsbewusstsein 91
Sicherheitsgarantie 71, 153
Sicherheitshörig 161
Sicherheitskultur 165
Sicherheitsrahmen 107, 165
Sicherheitsversprechen 90
Sinnfrage 21, 57, 75, 79
Skandalisierung 95
Soli-Beitrag 135
Solidär 151
Solidargemeinschaft 112f.
Solidaritätspotential 112
Solitär 151
Sondervermögen 69, 71
Sonntagsfrage 25
Sorgen, wirtschaftliche 50, 102

G. STICHWORTVERZEICHNIS

Sozialforschung 15, 71
Sozialkarrieren 149
Soziallasten 63
Sozialmoral 155
Sozialstaat 63, 69, 105, 119, 134f., 187
Sozialstandard 47
Sozialverantwortlichkeit 171
Spaltungen, digitale 71
Sparvorgaben 140
Staat 39, 47f., 68f., 71, 127–141, 148f., 155, 163
Staat-Bürger-Dialog 135
Staatsschulden 47
Stabilität 13, 22, 69, 105, 164
Steuererleichterung 136, 187
Steuerehrlichkeit 169
Steuern 68, 129
Stichprobenstruktur 178
Stimmungsbarometer 189
Strafmündigkeit 136
Stress-Rallye 55, 75

Tarifpartner 21
Taskforce 188
Teams 52f., 187
TikTok 73
Trauschein 106f.
Tsunami, digitaler 91, 117

Überforderung 17, 73, 133
Überfremdung 118
Überreizungssyndrom 73
Ukrainekrieg 23, 46, 50f., 83, 87
Umweltbewusstsein 30f.
Umweltsensibilisierungen 31
Umweltzerstörungen 31
Unbehagen 17, 72, 160
Ungleichheit 38, 45, 50
Unlust, soziale 124
Unruhen, soziale 24, 45
Unsicherheit 22f., 94, 161, 165, 180
Unstetigkeit 31, 167
Unternehmer, gemeinwohlorientierte 135
Unternehmertum 21
Unverbindlichkeit 144f.

Unzufriedenheit 44, 49f., 128f., 134, 160, 187
Unzufriedenheitsdilemma 67
Urlaub 32f., 55

Veränderungszögerlichkeit 189
Verantwortung 13, 17f., 39, 47, 49, 94f., 105, 125, 131, 135, 140, 149, 155, 166, 190
Verantwortung, geteilte 149
Verantwortungsgemeinschaft 105
Verantwortungsgesellschaft 169, 190
Verantwortungsübernahme 157
Verantwortung, vorausdenkende 17, 131
Verbindlichkeit 107, 109, 144f., 149
Verbraucher 13, 73, 76, 171
Verbrauchersicht 77
Vereinsamungsprobleme 92
Vereinsamungsprozesse 93
Vergleichswerte 178
Verhaltensänderungen 13, 170, 185
Verhaltensökonomie 178
Verhaltenspsychologie 178
Verlässlichkeit 13, 39, 135, 141, 145, 190
Verlässlichkeitspartner 113, 141
Verpass-Kultur 73
Verpflichtung, soziale 124
Versorgung, medizinische 38f.
Vertrauenskrise 44, 168
Vertrauensschwund 133
Verunsicherung 70, 101, 161, 172, 188
Verzeihen 17, 133
Viertagewoche 185f.
Viewser 147
Vision 2045 190
Visionen 17, 23, 130f., 180
Visionsängste 180
Visionslosigkeit 130
Volksabstimmungen 138f.
Voraussagen 13, 22ff., 179, 185
Vorausschau 131, 133, 141, 190
Vorbilder 131
Vorkrisenniveau 51
Vorsorge 16, 43–63, 102f., 134, 190

G. STICHWORTVERZEICHNIS

Wachstum 31, 37, 45, 77, 79, 120, 132, 175
Wachstumsraten 186
Wachstumsversprechen 79
Währungsreform 67
Wärme, soziale 134
Wahlen 67, 188
Wahlmanipulationen 71
Wahlverwandtschaften 105, 109
Weiterbildung 120
Weitsicht 140f.
Weltgesundheitsorganisation (WHO) 18, 37
Wertegemeinschaft 169
Werteskala 145
Wertesynthese 21
Wertewandel 14, 21, 57, 123, 149, 169, 185
Wertorientierung 57
Wertsucher 79
Wetterextreme 30
Wirtschaftsfaktor 73
Wirtschaftsförderung 87, 139
Wohlergehen 14, 36f., 39, 79, 87, 160f., 175, 180
Wohlfahrtspolitik 157
Wohlstand 14, 22f., 30f., 36f., 45ff., 51, 65–79, 120, 132, 175
Wohlstandsdenken 78f., 165
Wohlstandsniveau 30, 132, 181
Wohlstandsschere 33
Wohlstandssteigerungen 79, 103
Wohlstandsverlierer 44, 47, 67
Wohlstandsverwahrlosung 69
Wohlstandswende 22, 67, 79
Wohlstandszeiten 74, 148f., 171
Wohneigentum 83
Wohngebäude 86
Wohnquartiere 18, 61, 83, 87, 139, 156f.
Wohnraummangel 82
Wohnung 35, 83, 87, 93
Wohnungsbaugenossenschaft 190
Wohnungsbaupolitik 87
Wohnungsbau, sozialer 51
Wohnungsnot 17, 66, 82f., 86f., 175, 187f.
Worst-Case-Szenarien 133

Zeit 17, 21, 23, 57, 73, 75, 97, 105, 107, 128, 136, 145ff., 156, 161, 167, 185f.
Zeitbanken 157
Zeitbombe, ökologische 77
Zeitdruck 74
Zeitwährung 157
Zeitenwende 22, 67, 78, 131
Zeitenwende, soziale 125
Zeitfalle 73
Zeitreihen 13f.
Zeitverluste 86
Zertifikate 137, 156f.
Zufriedenheitsgrad 37, 132
Zukunft 9, 13f., 16, 18, 21–25, 30–33, 35, 37–41, 45ff., 49, 52f., 55ff., 60f., 63, 66f., 69, 71, 73, 75–79, 82f., 85, 87, 91, 93–97, 100f., 103, 105–109, 111ff., 116f., 119–124, 129, 131, 133, 135ff., 139ff., 144f., 147, 149, 151–154, 156f., 161ff, 165ff., 169, 171, 173, 175, 180f., 186–190
Zukunft, bessere 167
Zukunftsangst 30, 67, 71, 85, 94f., 103, 141, 187
Zukunftsblindheit 141
Zukunftsentwicklung 173, 181
Zukunftsfähigkeit 16, 23, 122, 133, 141
Zukunftsforschung 21, 24, 163, 183
Zukunftsgefährdung 166
Zukunftsgewissheitsschwund 180f.
Zukunftshoffnungen 181, 188
Zukunftshunger 140f., 172
Zukunftskompetenz 122
Zukunftsoptimismus 40, 166, 173
Zukunftsprinzip 172
Zukunftsreport 22, 24
Zukunftssicherung 47, 63, 103, 141
Zukunftssignale 161
Zukunftssorge 46, 68, 100, 103, 141, 188
Zukunftsstimme 15
Zukunftsszenario 91
Zukunftsungewissheit 50, 190
Zukunftsverantwortung 141
Zukunftsvergessenheit 140
Zukunftsvorsorge 83

G. STICHWORTVERZEICHNIS

Zukunftszweifel 84, 131
Zusammengehörigkeit 145
Zusammenhalt 13, 35, 37, 109f., 112, 124f., 144, 150f.
Zuverdienst 58, 61

Zuversicht 41, 166f., 181, 190
Zuwanderer 119
Zweifel 9, 70, 166f., 188

H. DANK

In meinem Freundeskreis gibt es ein geflügeltes Wort: „Was wärst Du ohne Deine Elke"? Wir haben uns als Schüler in der Jugendherberge Wangerooge kennengelernt, waren arm wie Feldmäuse, ohne Mittel und Titel. Inzwischen werde ich nach über sechzig Jahren Gemeinsamkeit nicht müde, zu betonen: „Mit Elke begann meine Zukunft" – im doppelten Sinne ganz persönlich und beruflich vom Familienmanagement bis zur Leitung des Forschungsbüros. In der Tat: Auch dieses handschriftlich gefertigte Manuskript hat sie druckreif im PC für den Verlag vorbereitet. Natürlich gilt ihr der erste, der wichtigste, der persönlichste Dank.

Über die Zweisamkeit hinaus trägt das Buch auch Züge eines Generationenwerks. Enkelsohn Maximilian hat sich nach Fertigstellung seiner Master-Arbeit für die grafische Gestaltung des Buches eingesetzt – vom Entwurf bis zur Druckfertigerklärung beim Verlag. Eine Master- und Meisterleistung, wofür ich ihm Dank und Anerkennung schulde. Natürlich schließe ich in den Dank auch die inspirierende und engagierte Förderung und Begleitung des Buchprojekts durch Barbara Budrich und Philip Bergstermann mit ein. Persönliche Anliegen und professionelle Ansprüche fanden hier auf gelungene Weise zusammen. Das Zukunftsbarometer soll der kommenden Generation zugutekommen. Im Jahr 2045 werden meine fünf Enkelkinder Emmy und Nova, Maximilian, Julius und Juri mitten im Leben stehen und selbst auf die 45 zugehen. Für sie hat die beschriebene Zukunft längst begonnen.

Jürgen P. Rinderspacher

Politik im Zeitnotstand

Katastrophen, Krisen,
Kriege, Transformationsprozesse

*2024 • 363 Seiten • gebunden • 69,90 € (D) • 71,90 € (A)
ISBN 978-3-8474-3027-8 • eISBN 978-3-8474-1963-1*

Zeitdruck ist zur zentralen Herausforderung für politisches Handeln geworden. Katastrophen, Krisen, Kriege und der große Transformationsprozess hin zur Klimaneutralität überlagern sich und gewähren wenig Spielraum für Kommunikation und demokratische Prozesse. Freiheit, Wohlstand und nicht zuletzt das Recht auf eigene Zeit scheinen durch die Gegenmaßnahmen der politisch Verantwortlichen immer öfter in Frage gestellt. Wenn allerdings nicht rechtzeitig gehandelt wird, sind diese Güter ebenfalls bedroht. Gibt es Wege, die aus diesem Rechtzeitigkeits-Dilemma herausführen?

www.shop.budrich.de